U0192262

物理
情境大百科

Encyclopedia of Physics

【英】汤姆·杰克逊 编著 朱金杰 译

華東理工大學出版社
EAST CHINA UNIVERSITY OF SCIENCE AND TECHNOLOGY PRESS
·上海·

图书在版编目（CIP）数据

物理情境大百科 /（英）汤姆·杰克逊编著；朱金杰译. — 上海：华东理工大学出版社，2024.6.

（英国大角星百科丛书）. — ISBN 978-7-5628-7525-3

Ⅰ. O4-49

中国国家版本馆CIP数据核字第2024NP3171号

书名原文：Children's Encyclopedia of Physics

www.arcturuspublishing.com

著作权合同登记号：09-2024-0237

项目统筹 / 郭　艳　王可欣

责任编辑 / 王可欣

责任校对 / 陈婉毓

装帧设计 / 居慧娜

出版发行 / 华东理工大学出版社有限公司

地址：上海市梅陇路 130 号，200237

电话：021-64250306

网址：www.ecustpress.cn

邮箱：zongbianban@ecustpress.cn

印　　刷 / 上海雅昌艺术印刷有限公司

开　　本 / 889 mm × 1194 mm　1/16

印　　张 / 8

字　　数 / 180 千字

版　　次 / 2024 年 6 月第 1 版

印　　次 / 2024 年 6 月第 1 次

定　　价 / 80.00 元

Contents
目录

引言

科学是关于学习和理解宇宙及其间万物运行规则的学问。其核心是物理学，这是一门研究物质的基本结构和运动规律的学科。我们可以通过物理学的研究来认识周围的世界，寻找客观规律。

力与运动

物理学给出了运动定律，解释了物体运动的原理。这些杂技演员精于身体运动，他们基于对这些物理原理的理解、应用来进行表演。这些定律与物体的质量，以及作用在物体上的力的大小和方向有关。

物质

物质主要由原子组成，而原子又是由质子、中子、电子这三种更小的亚原子粒子组成的。物理学家使用名为粒子加速器的巨大机器，将亚原子粒子以极快的速度撞击在一起，来揭示它们隐藏的结构。

电与磁

物理学最重要的突破之一是将电学和磁学联系在了一起。电可以产生磁，而磁也可以产生电。这些知识催生了电动机和发电机，以及我们每天使用的一些设备，如电脑、电视和智能手机的发明。

探索太空

物理定律不仅适用于地球，它们在宇宙中的其他地方也同样有效。尽管研究行星和恒星的科学家目前还不能亲自访问这些遥远的地方，但是他们可以利用地球上已知的物理原理来解释遥远太空中正在发生的事情。

光和其他辐射

电磁辐射是能量以电磁波的形式在空间传播的物理现象。可见光是一种我们可以看到的电磁波。其他电磁波，如无线电波、微波、紫外线和 X 射线，我们虽然看不见，但仍然可以探测和利用它们。

能量

物理学家将能量定义为物体做功的能力。能量有许多不同的形式，例如动能、热能或声能。它可以从一种形式转化为另一种形式，但不会凭空产生或者消失。宇宙中发生的一切，从球的弹跳到恒星爆炸，都需要能量。

波的认知

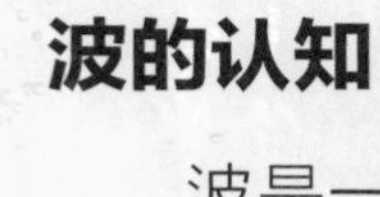

波是一种振动或振荡，它将能量从一个地方传递到另一个地方。光是一种在空间中传播的电磁波，声音是一种在介质中传播的机械波，水波则是在水中传播的另一种类型的机械波。尽管在某些方面有所不同，但所有的波都具有一些共同的特征，如反射、折射和干涉。

第1章
力与物质

什么是物质?

物质是构成宇宙间一切物体的实物和场。我们的身体、住的房子，以及树木、海洋、岩石等都是由物质构成的。不同种类的能量是物理学中用来描述一个系统或一个过程的物理量，不是物质，而是物质的一种属性。

虽然我们看不见空气，但我们无时无刻不被空气包围着！

物质状态

物质主要有三种状态——固态、液态和气态，这取决于温度和压力。物质在变热或变冷时状态会改变。在低温下，固体中的原子排列成固定的结构，具有固定的形状和体积；固体在升温时会熔化成液体，液体有固定的体积，但没有固定的形状；将液体加热至沸腾，就会产生既没有固定形状，也没有固定体积的气体。

在固态、液态和气态之间变化的最常见的物质是水。在地球上，水的固态形式是冰，液态形式是水，气态形式是水蒸气。

物质与能量

当物质受热（获得热量）时，原子或分子的运动就会加剧；当物质冷却（失去热量）时，原子或分子的运动就会减缓。物态变化是一种物理变化，涉及物质原子或分子间距和排列的变化，但不影响其化学组成。在化学变化中，物质的原子或分子会重新排列成新的物质，伴随着能量的吸收或释放，例如木头燃烧时会产生烟和灰烬。

爆炸是一种迅速改变物质性质的化学变化，部分物质会转化为烟雾或气体。在这一过程中，大量能量以热的形式释放出来。

你知道吗

物质的第四种状态叫作等离子态。等离子体可以在气体变得非常热或受到强烈电流影响时产生，太阳就是由等离子体构成的。事实上，宇宙中超过99%的已知物质都处于等离子态！

名人堂

约翰·道尔顿
John Dalton
1766—1844

物质由原子构成的观点可以追溯到古希腊时期。1801 年，英国科学家道尔顿提出了现代原子理论。他提出，不同类型的原子通过化学反应形成不同的物质，它们总是以相同的比例结合成分子，形成特定化合物。

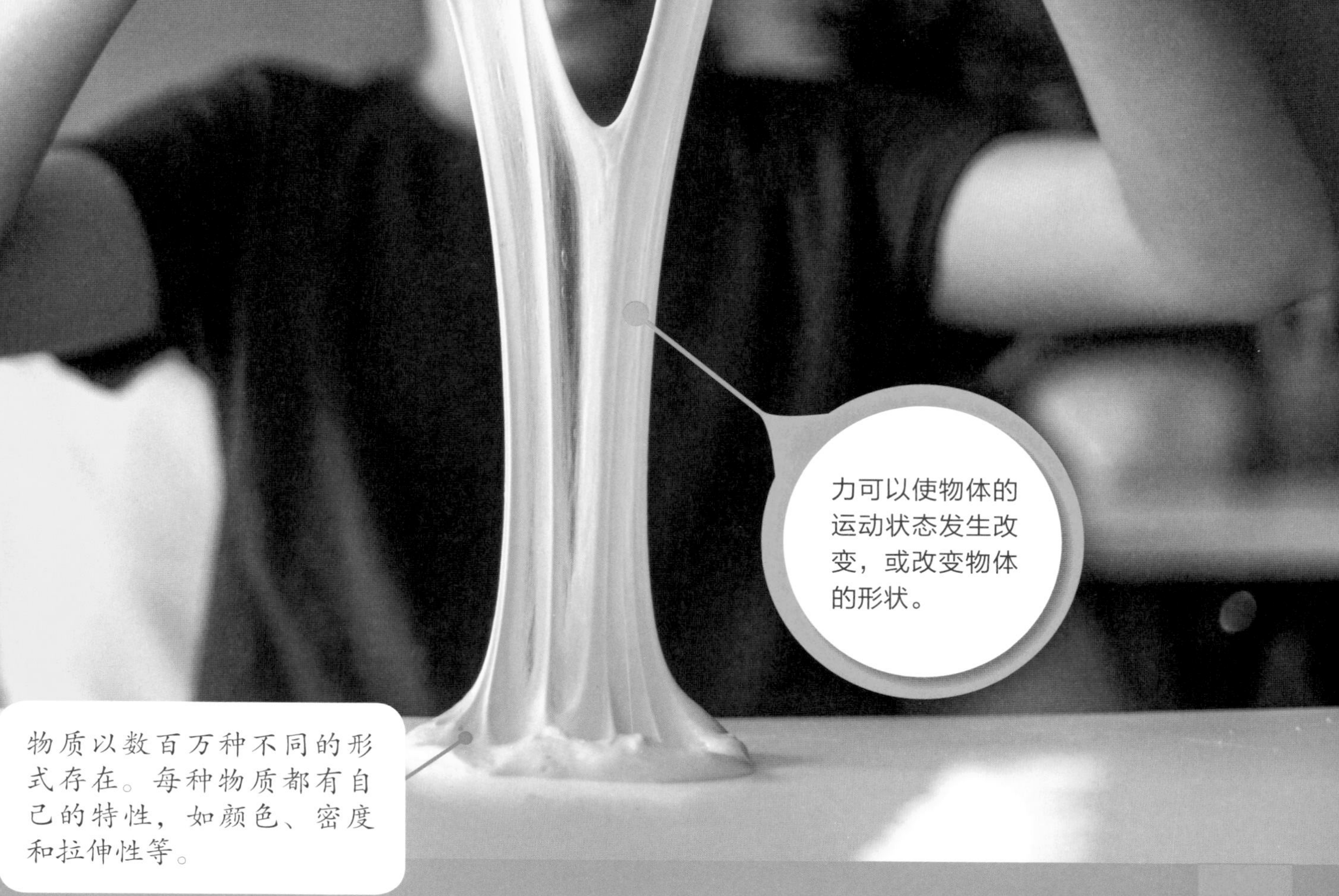

力可以使物体的运动状态发生改变，或改变物体的形状。

物质以数百万种不同的形式存在。每种物质都有自己的特性，如颜色、密度和拉伸性等。

原子内部

构成所有物质的化学元素目前已知共有 118 种，每种元素都由具有独特性质的原子组成。原子是一种微观粒子，小到肉眼无法看见。不同元素的原子通过其核内质子的数量来区分，质子数也决定了元素的化学特性。

带负电荷的电子在原子核外部运动。在中性原子中，电子和质子的数量相同。

更小的粒子

过去我们认为原子是不可分割的，但现在物理学家知道它们是由更小的亚原子粒子组成的。每个原子的中心都有一个原子核，包含质子和中子，电子围绕原子核高速旋转。原子内的大部分是空的，它的半径是原子核半径的 10 000 倍以上。即使是中子和质子，它们也是由更小的粒子（称为夸克）组成的。每个中子或质子中有三个夸克。

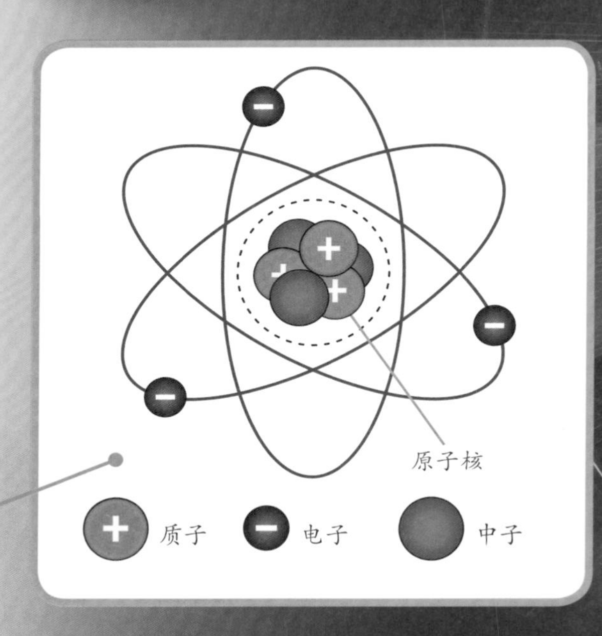

实际上，电子与原子核的距离比图中所示要远得多！

名人堂

欧内斯特·卢瑟福
Ernest Rutherford
1871—1937

这位来自新西兰的科学家，是最早的原子物理学家之一。1911 年，由他带领的研究小组提出了原子的核模型，认为原子有一个紧凑的原子核和大量的空隙，原子的正电荷集中在原子核上，这个模型后来被称为卢瑟福模型。1997 年，为了纪念他，原子序数为 104 的元素被命名为𬬻。

你知道吗

原子的直径为 0.2～0.5 nm。1 纳米等于十亿分之一米。约 500 万个直径为 0.2 nm 的原子紧密排成一排的长度约为 1 mm。

核反应

原子核中的质子和中子被非常强大的核力结合在一起，破坏原子核的行为称为核反应。核反应会释放出大量能量，其中最强大的形式就是核聚变，即两个原子核通过撞击合二为一，形成不同的元素。太阳的热量和光能就来自其内部发生的核聚变。

放射性

大多数原子是稳定的，不会随时间发生显著变化。但有些具有较多质子和中子的原子核可能不稳定，会经历衰变过程。不稳定的原子核自然地发生衰变并放出射线的性质称为放射性。在放射性衰变过程中，原子会释放出粒子和能量，这些粒子和能量可以用于医疗，也可以用于能源生产。

核电站利用放射性燃料的裂变反应产生的热量来发电，这一过程就是核裂变。核裂变是通过不稳定原子核的分裂来实现的，这个过程会释放出大量热量和辐射。

放射性衰变

不稳定的原子核自发地放出射线而转变为另一种原子核的过程称为放射性衰变。在这一过程中，不稳定的原子核通过释放粒子或能量，使自身更加稳定。这个过程通常涉及原子核中质子或中子数量的改变，使得一种元素的原子转变为另一种元素的原子，例如铀原子衰变为钍原子。当原子核达到稳定状态时，衰变过程就会停止。

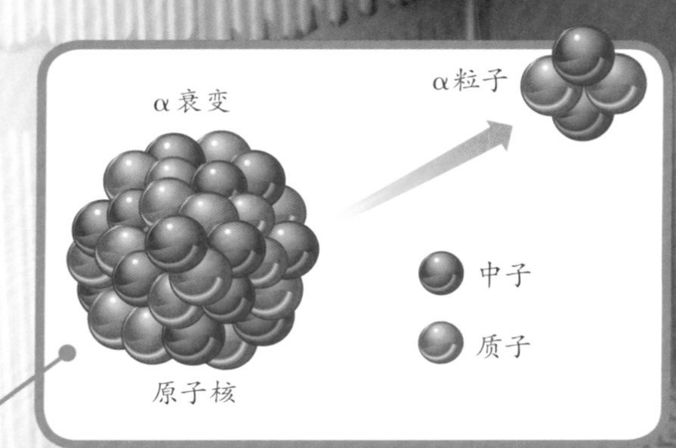

- α 衰变发生时，原子核释放出一个由两个质子和两个中子组成的粒子，称为 α 粒子；在 β 衰变中，一个中子转变为一个质子，并释放出一个电子，这个电子称为 β 粒子；在γ衰变中，当放射性原子核在不同能量状态间转换时，会释放出高能的γ射线。

辐射的危害

放射性物质很危险，需要小心处理，因为衰变时释放的能量可能会损害活细胞。从事放射性工作的人必须穿戴防护服来屏蔽这些粒子。除了 α 粒子和 β 粒子，衰变过程中还可能产生高能电磁辐射，如 X 射线和 γ 射线。厚金属和混凝土等高密度材料可以用来屏蔽这些射线。

这个标志警告该区域存在放射性物质，必须使用安全设备。

最常见的核燃料是二氧化铀。它们被制成陶瓷芯块，封装在细长的燃料棒内，然后被插入核反应堆的活性区中。

核反应堆通常使用水作为冷却剂，用来吸收核裂变产生的热量，并将这些热量传递给蒸汽，从而驱动涡轮机发电。由于产生了切伦科夫辐射，核反应堆中的水会发出蓝色的光。

名人堂

玛丽·居里
Marie Curie
1867—1934

居里夫人是一位出生在波兰的法国物理学家、化学家。她于 1898 年提出“放射性”一词，并发现了钋和镭这两种新元素，它们是天然矿物在铀衰变时产生的。后来，她还发明了移动式 X 射线机，并成立了一个研究中心，研究如何将放射性应用于医学领域。

你知道吗

香蕉也有极微量的放射性，但它是完全安全、可食用的。实际上，一个人需要摄入远超正常食用量的香蕉，才能接近放射性的有害剂量，这在现实中是不可能达到的。

磁体

磁性是物质的一种基于材料内部的原子排列方式的基本属性，在铁和镍等金属中尤为明显。磁铁会在其周围产生磁场，影响其他粒子或物体的排列方式。所有磁铁都有一个北极和一个南极，根据磁极的性质，同极相斥，异极相吸。

电磁铁

磁铁主要有两种类型：永磁铁和电磁铁。永磁铁始终具有磁性，而电磁铁的磁性可以通过电流的通断来控制。电磁铁通常由软铁芯和绕在其周围的铜线圈制成，当铜线圈中有电流时，软铁芯会被磁化，从而产生磁场。电磁铁应用广泛，例如，它们可以作为机器中的部件，通过控制电流来实现机械部件的移动。

在这个废旧金属抓取器上配备了一个电磁铁，它可以吸附磁性物体并将其移动。关闭电流后，电磁铁失去磁性，磁性物体会掉到地上。

在麦克风内，声波使缠绕在磁铁周围的线圈在磁铁的磁场中来回摆动，线圈的运动通过电磁感应产生与原声相对应的电信号。

用于电气设备

磁铁是电气设备的重要组成部分。在微芯片发明之前，早期的计算机就已经使用电磁继电器来连接和断开电路。从硬盘驱动器到信用卡上的磁条，磁性存储设备通过改变表面的磁化方向来存储数据，这些方向分别代表二进制数据的 0 和 1。数据是通过电磁设备在磁性材料表面产生的磁场变化来写入或读取的。

你知道吗 地球磁场是由地球内部的高温液态金属流动所产生的电流产生的。

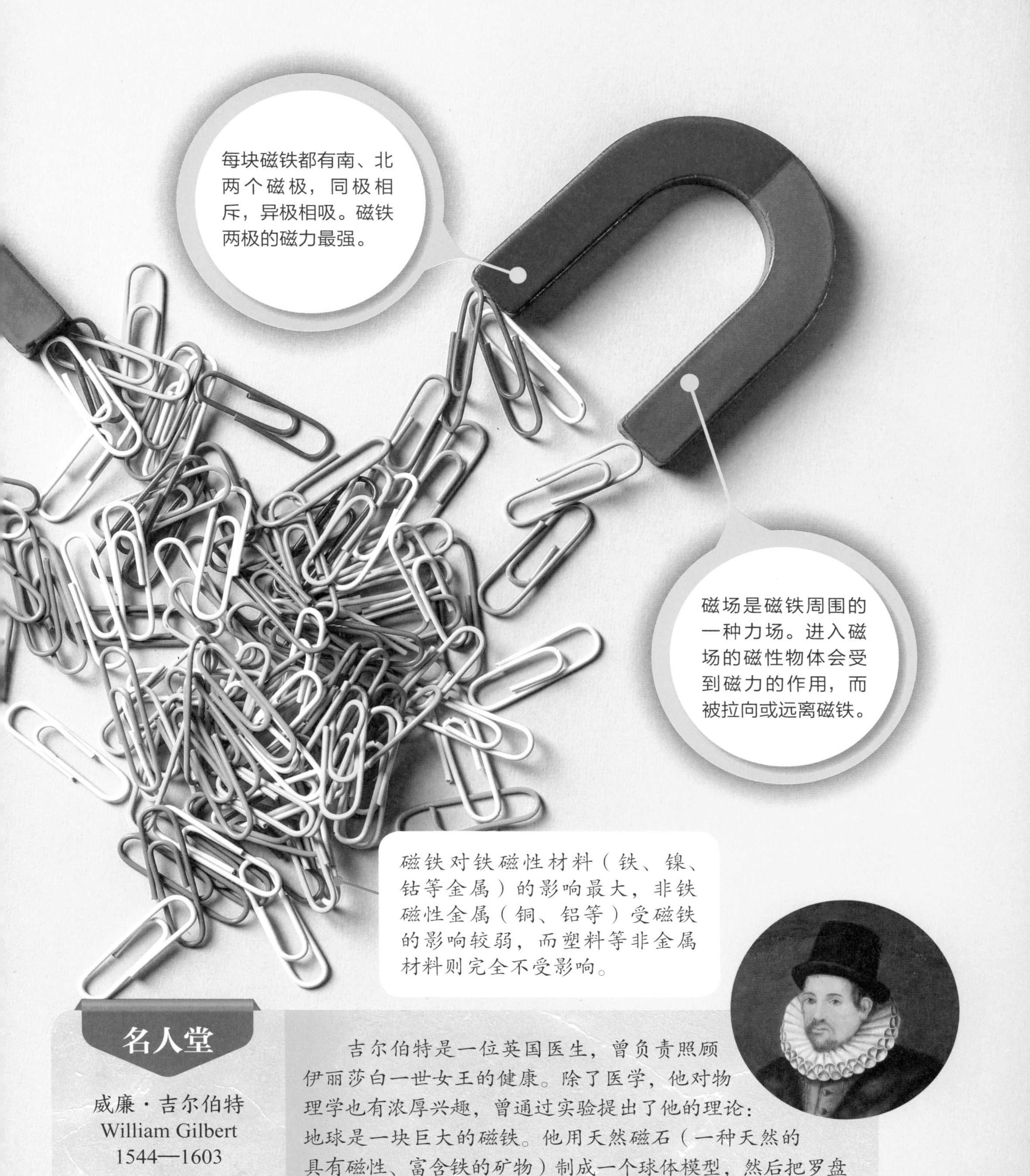

名人堂

威廉·吉尔伯特
William Gilbert
1544—1603

吉尔伯特是一位英国医生，曾负责照顾伊丽莎白一世女王的健康。除了医学，他对物理学也有浓厚兴趣，曾通过实验提出了他的理论：地球是一块巨大的磁铁。他用天然磁石（一种天然的具有磁性、富含铁的矿物）制成一个球体模型，然后把罗盘放在球体的不同位置，观察到磁针始终指向球体的北极。

万有引力

上升的物体最终会向下掉落，这是由于引力的作用。引力是存在于所有有质量的物体之间的吸引力，质量较大的物体比质量较小的物体所产生的引力大。当两个物体之间的距离变小时，它们之间的引力也会变大。

地球引力会使物体，包括跳伞员，向地球表面加速下落。

行星轨道

让行星围绕恒星运行，以及卫星围绕行星运行的力也是引力。较大天体（例如恒星）的引力吸引着较小天体。行星不会坠落到恒星上，是因为行星以极高的速度沿椭圆轨道运动，这个速度产生的离心力与恒星的引力相平衡，使得行星被维持在一个稳定的轨道上，而不是直接落向恒星。

木星有几十颗卫星，它们都被引力所束缚。

万有引力常数

作用在物体之间的引力大小取决于它们各自的质量以及物体间的距离，这个关系是通过一个被称为万有引力常数（通常表示为 G）的物理常数来描述的。G 在整个宇宙中都一样大，可以用来计算任何地方的物体之间的引力。

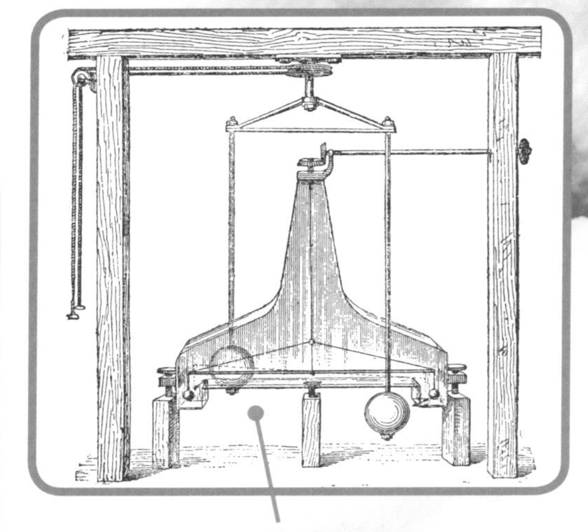

18 世纪 90 年代，亨利·卡文迪许测量了大球和小球之间的引力，从而计算出 G 的值，然后又用这个值计算出了地球的质量。

名人堂

艾萨克·牛顿
Isaac Newton
1643—1727

17世纪中叶，牛顿对万有引力定律进行了描述。当时为了躲避瘟疫，他回到了自己乡村的家中。他坐在花园里，看到一个苹果从树上掉到地上，这一现象启发了他思考引力是如何作用在两个物体之间的。牛顿还解释了运动定律，对光进行了研究，并且发明了反射望远镜，改进了当时已有的折射望远镜。

跳伞员下落时，引力在一开始产生的向下的拉力，很快就被空气阻力所产生的向上的推力所平衡，随后跳伞员停止加速，以恒定的速度（也称“终端速度”）下落。

引力是一种作用于两个物体之间的双向力，所以在跳伞员向地球表面下落的同时，地球也受到一个大小相等、方向相反的力，被拉向跳伞员。但是地球实在太大了，所以它移动的距离可以忽略不计，而跳伞员降落的距离则大得多！

你知道吗

黑洞的引力如此强大，以至于光都无法逃离它——这也是它被叫作“黑洞”的原因。

重量与质量

尽管“重量”和“质量”这两个词经常被交替使用，但它们作为物理量的含义不同。质量衡量物体所含物质的多少，而重量则刻画物体因重力作用而受到的力。同样质量的物体，在月球上的重量会小于它在地球上的重量。不过，物体的质量始终是不变的。

这些圆盘的质量是固定不变的，刻画了其中物质的含量，即使在太空中也不变。

重量的测量

在地球上，重量通常是通过测量物体所受的重力来确定的。然而，质量是物体的一种固有属性，它刻画了物体所含物质的多少，决定了物体对加速度的抵抗程度。当物体漂浮在太空中时，它不会对电子秤产生压力，此时它是“失重”的，但它仍具有质量，意味着我们仍然需要施加相应的力才能改变它的运动状态。

在电子秤上，物体的重量是通过测量物体施加在传感器上的力（压力）来间接确定的。

名人堂

安德烈娅·盖兹
Andrea Ghez
1965—

盖兹是一位美国天文学家。2012 年，盖兹和她的团队发现银河系中央有一个黑洞，名叫人马座 A*，她利用大型望远镜观察了黑洞的引力是如何影响附近的恒星的运动的。通过分析这些恒星的运动速度，她计算出黑洞的引力，从而得出人马座 A* 的质量大约是太阳的 400 万倍！

驾驶战斗机的飞行员在急转弯时会感受到 G 力。当飞行员受到 2 倍的 G 力时，他所承受的加速度是地球重力加速度的 2 倍，这导致他感受到的力相当于在静止状态下的 2 倍。

宇航员在太空中会失重，但他们的质量保持不变。

太空失重

国际空间站上的宇航员虽然没有感受到重量，一直处于自由落体状态，但他们需要监测自己的质量，以确保自己保持健康状态。宇航员使用一种特殊装置来测量质量，通过测量在恒定的力作用下，身体运动的加速度，来间接测量。即使宇航员没有重量，要改变其运动状态仍然需要施加力。

举重运动员必须使出比重物所受重力更大的力，才能将重物从地面举过头顶。

这根杠铃杆的重量取决于它的质量以及它所在位置的重力加速度。在引力更强的木星上，相同质量的物体的重量几乎是它在地球上的 3 倍！

摩擦力与拖曳力

物质表面很少是完全光滑的，与其他物质接触时多数都会发生摩擦，这种摩擦作用甚至在原子层面也是存在的。这种由摩擦产生的阻力称为摩擦力或拖曳力。摩擦力阻碍了两个接触固体之间的相对运动或相对运动趋势，而拖曳力则描述了物体在液体或气体中运动时所受到的阻力。

润滑剂可以帮助减小摩擦力，它们通常以液态形式存在，并在固体表面形成一层润滑膜。这层膜减少了表面之间的直接接触，使得摩擦力变小。

● 降落伞的表面积非常大，这使得它会产生很大的空气阻力来减小下落速度，从而使人安全着陆。

空气阻力

当飞机在空中飞行时，周围急速流动的空气会对抗推动飞机前进的力，产生使飞机减速的拖曳力，即空气阻力。当物体下落时，空气阻力会使其下落速度变小。空气阻力的大小与物体的表面积、形状等因素有关，像羽毛这样宽而轻的物体能飘荡在空中，而像长矛这样重而尖的物体可以在空中以较快的速度划过。

粗糙的表面

固体相互滑动时会产生摩擦力。粗糙的表面会增大摩擦力，阻碍滑动。摩擦力存在于所有运动的部件中，如果机器没有动力，摩擦力和其他阻力就会使机器部件停止运动。

拖拉机车轮上的花纹设计能显著增大摩擦力，因此即使在湿滑条件下也能保持良好的抓地力。

名人堂

阿格尼丝·波尔博特
Agnès Poulbot
1967—

这位法国工程师是世界领先的汽车轮胎设计师之一。她与同事雅克·巴劳德（Jacques Barraud）共同设计的轮胎采用了多层且具有浅凹槽的胎面，这能够增强轮胎的抓地力，并将水从车轮引开。当外层磨损后，新的一层胎面就会露出来，以此恢复轮胎的抓地力。这种设计有助于保持汽车行驶时的能效，减少能量损耗，进而提高燃油效率。

冰刀刀刃设计得很薄，因此与冰面的接触面积很小。冰刀和冰面都很光滑，再加上液态水薄膜的润滑作用，冰刀与冰面之间摩擦力很小。

每种液体都有特定的流动性（也称为“黏度”）。水的黏度低，产生的摩擦阻力较小，而蜂蜜是一种高黏度液体，很难在它的上面滑行！

你知道吗

流星是来自太空的小岩石或尘埃。当它们以极高的速度穿过大气层时，会遇到强大的空气阻力，这使得它们压缩前方的空气，导致表面温度急剧升高并开始燃烧，从而形成了我们看到的流星现象。

大气压与水压

汽车轮胎中的空气压力通常设置得高于标准大气压，使轮胎变得坚硬，但在需要时也可以弯曲。

当你站在一座高山的顶峰时，会感到呼吸起来比在山脚更加费力，这就是大气压在起作用；当你潜水时，越往深处游，感受到的挤压感就越强，这就是水压在起作用。大气压与水压，一个是空气施加在我们身上的压力，另一个是水施加的压力，它们影响着我们生活的方方面面。

大气压

我们周围的空气并非没有重量，实际上，它一直在对地面和我们施加压力，这被称为大气压（简称气压）。标准大气压的重量相当于几大壶水的重量压在你的每一寸皮肤上，但你感觉不到它，是因为你的身体已经适应了这种持续存在的压力。

气压与天气的变化息息相关。通常气压降低预示着天气变化，包括暴风雨的来临。

水肺潜水员只能潜入水下约40 m深处。比这更深的地方，水压的增加会使潜水员难以吸入和呼出罐中的空气。

水压

水的密度比空气大，因此在相同深度水的压力比空气大得多。在海面上，游泳者感受到的是标准大气压。如果他们下潜到水下 10 m，由于受到来自水的压力，游泳者受到的总压力将增加一倍。在海洋的最深处，压力极高，人无法生存，只有专业的潜水器才能到达那里。

你知道吗

海拔越高，气压越低，这是因为空气密度变小了。珠穆朗玛峰峰顶的气压大约只有海平面上气压的$\frac{1}{3}$。

名人堂

布莱斯·帕斯卡
Blaise Pascal
1623—1662

这位法国数学家和物理学家对气压的测量做出了重要贡献。压强的基本单位是帕斯卡（Pa）。海平面的正常气压约为 10^5 Pa，通常我们称之为1个标准大气压。帕斯卡还对概率论的发展做出了贡献，这是一门用数字方法来计算事件发生的可能性的学科。

暗物质

天文学家已经测量了他们所能观测到的宇宙中的所有可见物质，包括所有已知的恒星和星系，但他们发现，宇宙的质量远远大于这些可见物质的总质量。天文学家把这些理论上存在于宇宙中，但不可见的物质叫作暗物质。

天文学家通过观察星系的旋转方式，意识到暗物质一定存在。他们发现星系中恒星和气体的移动速度超过了预期，这意味着星系中存在比可见恒星更大的质量来提供额外的引力。这些额外质量的存在，即暗物质，是不可见的。

宇宙的能量构成

如下图所示，宇宙中暗物质（紫色部分）所占的比例是常规物质（绿色部分）的 5 倍多。除此之外，还有一些更神秘的东西，称为暗能量。暗能量的存在于 1998 年被推断出来，约占宇宙能量的 $\frac{2}{3}$。它的作用被认为是推动宇宙加速膨胀，但物理学家至今仍在探索其本质。

暗物质 27%

常规物质 5%

暗能量 68%

• 宇宙的能量构成

探测器

之所以说暗物质“暗”，是因为它不发出光或任何辐射，也不与电磁力相互作用。目前，能影响暗物质的唯一力量似乎只有引力。尽管暗物质粒子本身尚未被直接探测到，但其存在可通过它对可见物质的引力效应间接推断出来。一些暗物质探测器正在寻找可能就在我们身边，但在标准测试中没有被探测到的微小粒子。

暗物质探测器位于地下深处，以保护它们免受其他粒子和辐射的影响。

你知道吗

有一种观点认为，暗物质是由宇宙中尚未被直接观测到的粒子组成的，这些粒子仅通过引力与常规物质相互作用，从而影响宇宙中物质的表观质量。

天文学家认为，一些暗物质可能存在于星系边缘的光晕中。

如果一个星系只由我们所能探测到的常规物质构成，那么对于离星系中心较远的恒星来说，当它旋转时，由于没有足够的质量产生的引力，恒星可能会因为离心力而被甩离星系。星系内部的大量暗物质则提供了额外的引力，把恒星“拉紧”，防止恒星被甩向深空。

名人堂

维拉·鲁宾
Vera Rubin
1928—2016

1979 年，鲁宾在研究了离我们最近的大星系——仙女座星系中的恒星后，发现暗物质占了该星系质量的很大一部分。她计算了恒星围绕星系中心的运动速度，发现对于已知的星系质量来说，边缘恒星的运动速度太快了。她计算出星系的实际质量是我们所能看到的质量的 5～10 倍。

牛顿第一运动定律

物体运动的方式——它们如何停下来、开始运动和改变方向，受三个基本定律的支配。牛顿第一运动定律（简称牛顿第一定律，又称惯性定律）指出：一切物体在没有外力作用的情况下，总保持静止状态或匀速直线运动状态。

在斯诺克比赛中，当母球（主球）与红球碰撞时，母球会对红球施加力。这个力会改变桌子上球的运动状态，母球减速并改变运动方向，而红球开始运动。

力的作用

在没有施加外力的情况下，物体将保持其当前的运动状态。然而，在地球上，引力、摩擦力和阻力通常作用在运动的物体上，它们能够改变物体的运动状态，并最终可能使其停止运动。

- 这辆车在保持运动状态的同时发生了跳跃，并继续沿直线行驶——只是它不在地面上。引力会将其最终拉回地面。

名人堂

墨　子
Mo Zi
约公元前 468—前 376

墨子，名翟，春秋战国时期的思想家、政治家、科学家，墨家学派的创始人和主要代表人物。他提出了“兼爱”“非攻”“尚贤”“尚同”“天志”“明鬼”“非命”“非乐”“节葬”“节用”等观点，以“兼爱”为核心，以“节用”“尚贤”为支点，创立了包括几何学、物理学的一整套科学理论。在物理学上，他提出了“止，以久也，无久之不止，当牛非马也”的观点，意思是物体运动的停止来自阻力的作用，如果没有阻力，那么物体会永远运动下去，这样的观点，被认为是牛顿第一定律的先驱思想，对物理学的发展产生了重要影响。

汽车的车身设计要求能够吸收碰撞时产生的能量，使到达座舱的冲击力较小。安全气囊减缓了汽车碰撞时乘客与车辆内部结构之间的冲击速度。

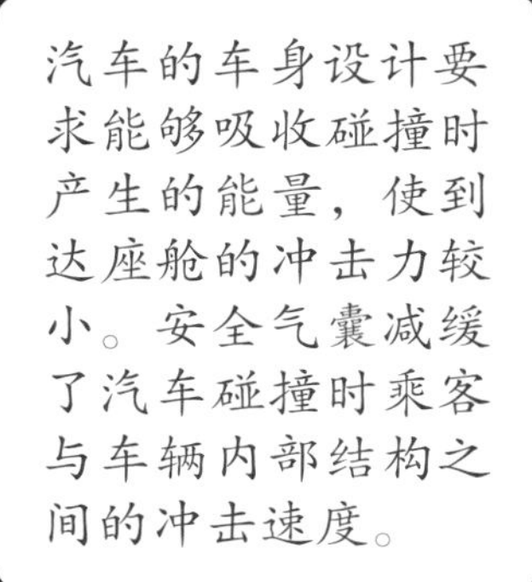

惯性

惯性指的是物体倾向于保持其当前的运动状态的性质。因此，要使静止的物体开始运动，或者使运动的物体停止下来，都需要施加额外的力。在汽车发生碰撞或物体从高处坠落的情况下，外力会突然作用于物体，导致其运动状态发生急剧变化，如突然停止。此时，运动物体的惯性会抵抗这种状态的改变，这种抵抗作用可能会在碰撞中导致伤害。

柔软、光滑的绿色台面几乎不会产生摩擦力，所以球在停下来之前会滚动很长一段距离。

当母球撞击第一个红球时，所产生的力不仅作用于该红球，还有一部分力会传递给该红球随后可能撞击的其他球。没有受到撞击力的球则维持其原有的静止状态。

力的基本单位是牛顿，简称牛，用符号 N 表示。1 N 的力作用在质量为 1 kg 的物体上，可以使该物体的速度每秒增加 1 m/s。

牛顿第二运动定律

牛顿第二运动定律（简称牛顿第二定律）描述了物体的质量、作用在物体上的力的大小和由该力产生的加速度之间的关系。将物体的质量乘上加速度，就可以计算出作用在物体上的力。

人体炮弹利用牛顿第二定律，确保施加在人身上的力刚好足以将他们安全地抛向安全垫。

质量和运动

运动物体的三个特征——质量、力和加速度，是相互关联的。通过增大作用在物体上的力，物体的加速度会变大。当物体的质量增加时，需要施加更大的力才能获得相同的加速度。在现实世界中，这一定律解释了为什么人可以轻松地在路上推着自行车，却无法同样轻松地推动汽车。

• 救援拖车有足够的动力来移动自身、拖动抛锚的汽车。

力的计算

牛顿第二定律可以用简单的等式来定义：力 = 质量 × 加速度。这个等式可以重新排列，因此其中任何一个变量都可以通过其他两个变量计算出来。例如，物体的加速度可以通过力除以质量计算出来，而物体的质量可以通过力除以加速度来计算。

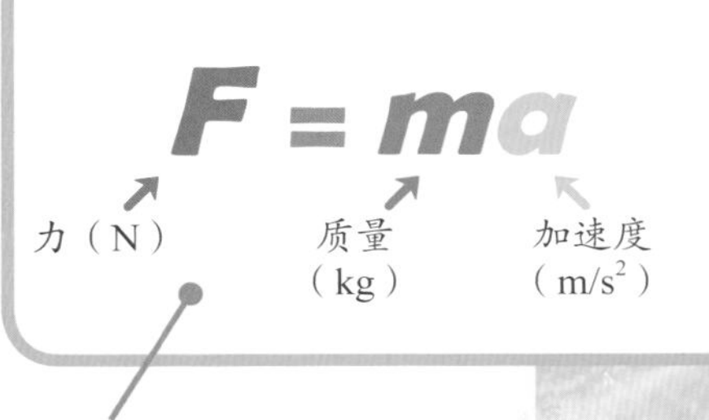

• 这是物理学中最简单、最有用的公式之一。

名人堂

伽利略·伽利雷
Galileo Galilei
1564—1642

这位意大利科学家是有史以来最重要的物理学家之一。他用自己改进的望远镜进行观察，得出了许多有关月球和行星的发现，并对物体如何运动，尤其是如何坠落进行了实验研究。伽利略正确地预言了在不考虑空气阻力的前提下，从比萨斜塔上同时释放一个重球和一个轻球，它们会同时落地。

在地球上，重力加速度约为 9.8 m/s^2。这意味着在自由落体条件下，每经过 1 s，物体的速度就会增加 9.8 m/s。

牛顿第三运动定律

牛顿第三运动定律（简称牛顿第三定律）指出：两个物体之间的作用力和反作用力总是大小相等，方向相反，作用在同一条直线上。“作用力”是指施加的力，所产生的“反作用力”是一个与“作用力”大小相等但方向相反的力。

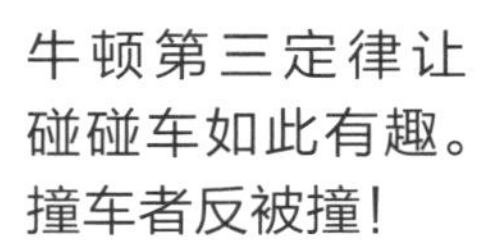

● 燃料燃烧生成的气体向下喷出，产生了向上的推力。

火箭发射的动力

火箭利用牛顿第三定律运作。推进剂混合后猛烈燃烧，产生的高温气体从火箭底部喷出。火箭向下喷射气体产生的反作用力，即向上的推力，助推火箭升离地面，奔向太空。

名人堂

勒内·笛卡儿
René Descartes
1596—1650

这位伟大的法国哲学家最著名的一句话是“我思故我在”，这是他对如何知道自己作为一个真实存在的人的理解。笛卡儿是坐标几何的创始人，对早期运动定律的框架建构做出了贡献，为牛顿的工作提供了哲学基础。牛顿后来建立的三大运动定律，以其明确的数学形式，成为经典力学的核心。

你知道吗

在太空中，宇航员会通过向一个方向踢出脚，利用牛顿第三运动定律，使自己向相反方向移动。

作用力与反作用力

牛顿第三定律解释了为什么推动物体能使其移动。例如，滑板滑手的脚对地面施加力，地面相应地对脚（以及滑板）施加一个反作用力，从而使滑板滑手向前移动。为了减速，滑手将滑板尾部压向地面，地面会对滑板产生阻力，使滑板逐渐减速直至停止。

动量

动量是衡量物体运动状态的物理量，计算方法是将物体的质量乘速度（线性速度）。因此，在速度相同的情况下，重型卡车的动量要大于轻型汽车。如果卡车和汽车都以更大的速度行驶，那么它们的动量都会更大；反之，速度越小，动量越小。

滑冰者在旋转时，会围绕其身体的中心轴线进行旋转动作。

角动量

这位正在旋转的滑冰者利用的是角动量，这是物体在圆周运动中保持不变的物理量。原地旋转时，她可以通过改变身体姿态来调整转速。张开双臂可以分散她的质量，使得转动惯量变大，转得更慢；收拢双臂会将质量聚拢，使得转动惯量变小，从而加大转速。由于角动量保持不变，因此转动惯量的变化会导致转速的相应改变。

动量守恒

动量守恒是指在没有外力作用的条件下，一个运动物体（或一组物体）的总动量始终保持不变。螺旋弹簧玩具就是一个很好的例子。轻轻一推，弹簧就会从楼梯上滚落下来。因为它会保持其动量，在每一级台阶处弹簧都会翻转过来，重新开始翻滚。只有到了楼梯底部，在地面的支持力的作用下，它才会停下来。

这种螺旋弹簧玩具的运动几乎不受摩擦力的影响。

名人堂

让·比里当
Jean Buridan
约 1300—1358

这位法国中世纪的哲学家是对动力学理论做出重要贡献的先驱之一。他提出了一种类似于动量概念的理论，称之为“推动”，并认识到即使不再施加力，物体仍可继续运动。比里当提出，推动可以用质量乘速度来计算，并认为是推动导致了运动。然而，现代物理学表明，改变物体运动状态的原因是力，而不是推动。

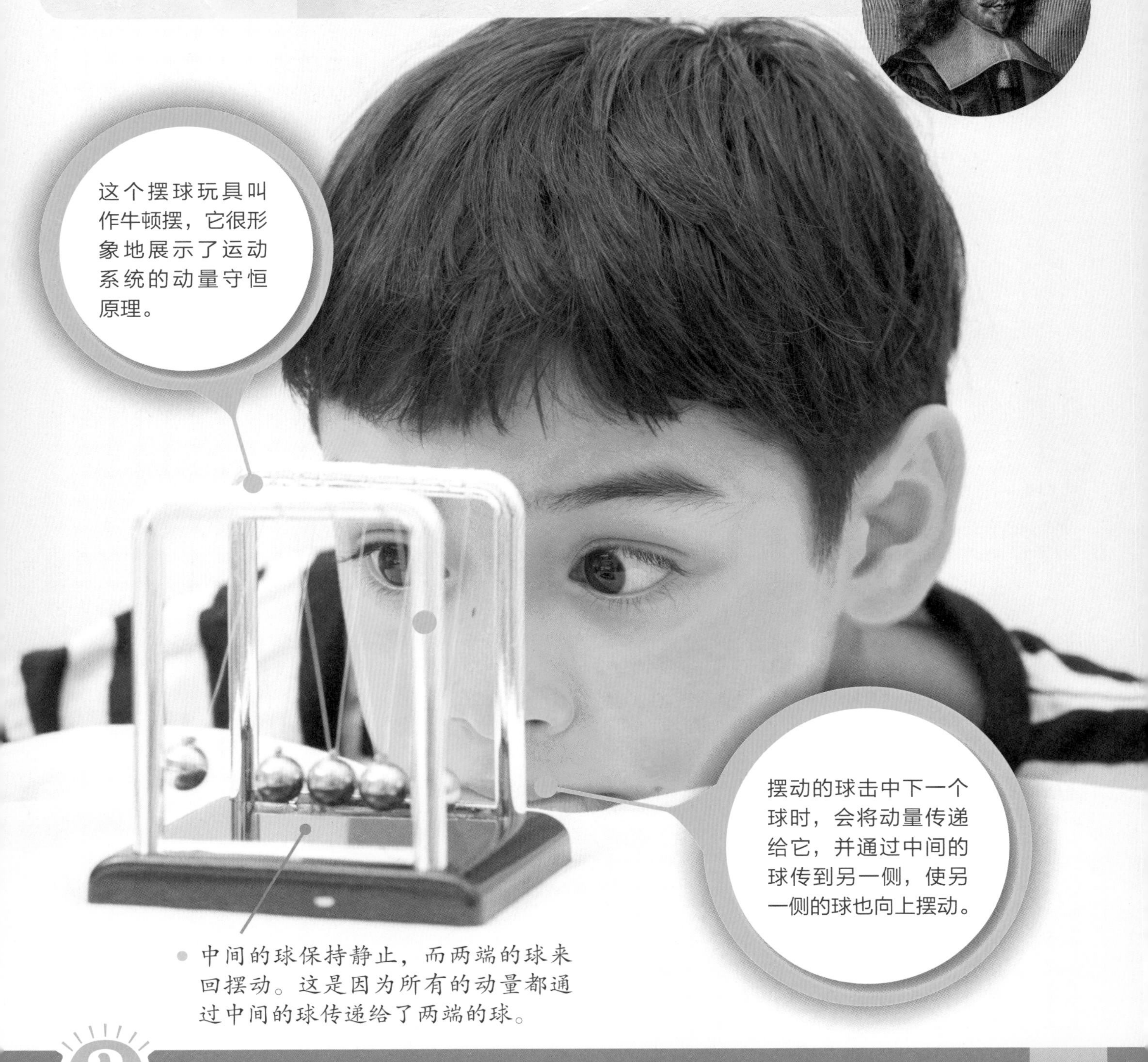

这个摆球玩具叫作牛顿摆，它很形象地展示了运动系统的动量守恒原理。

摆动的球击中下一个球时，会将动量传递给它，并通过中间的球传到另一侧，使另一侧的球也向上摆动。

中间的球保持静止，而两端的球来回摆动。这是因为所有的动量都通过中间的球传递给了两端的球。

你知道吗

超级油轮是世界上最大的轮船之一，它们具有相当大的动量。因此，从减速到完全停止需要相当长的时间。

速度与加速度

在描述物体的运动时，物理学家使用了三种基本度量——时间、距离和方向。利用这三种度量，就可以计算速度，即物体在一定时间内沿一定方向移动的距离。对物体施加力时，物体会产生加速度，它反映了单位时间内速度的变化量（增加或减少）。

巨大的发动机为赛车提供了强大的推力，使得赛车在整场比赛中加速前进。

速率和速度

速率是描述物体运动快慢的度量，而速度是特定方向上的速率。速率相同但方向不同的物体具有不同的速度，这一点在描述物体的相对运动时尤为重要。如果两个物体的速率相同，方向相反，那么它们之间的相对速度（一个物体相对于另一个物体的运动速度）的大小将是单个物体速率的 2 倍。

这位跑步者的速率是通过测量他移动一段已知距离所需的时间计算出来的。

名人堂

凯瑟琳·约翰逊
Katherine Johnson
1918—2020

约翰逊是一名在美国国家航空航天局工作的数学家，她的工作是计算火箭进入轨道时的飞行轨迹。约翰·格伦（John Glenn）是首位进入地球轨道的美国宇航员，他在飞行前让约翰逊帮忙检查和验算计算机的轨道速度计算，当她确认计算正确时，格伦才会执行他的“上天”任务。

你知道吗 宇宙中最快的速度是真空中的光速，为 3×10^8 m/s。

加速度

当物体受到力的作用而运动时，就会产生加速度。加速度表示速度的变化量与发生这一变化所用时间之比，它度量了速度变化的快慢。力停止时，加速度变为 0，速度保持不变。力可以不改变物体的速率，但会改变物体的运动方向，从而改变其速度。

简谐运动

一些系统围绕一个中心点来回运动，这种运动被称为简谐运动，是振动的一种特殊类型，也称为振荡。出现这种情况是因为存在一个回复力，它总是将运动物体拉回到中心位置。在简谐运动中，振动物体不断地做往返运动，总是移动相同的距离，并在相同的时间内完成一个往复周期。

蹦床上弹跳的人就像一个振子。蹦床的床面把人弹起，而重力又把人拽回。

钟摆

钟摆是人们最熟悉的振子之一，它由悬挂在一根弦或杆上的一个重物（称为摆锤）构成。摆锤左右摆动，其摆动的周期（往返摆动一次所需的时间）取决于杆的长度。重力提供了回复力。当摆锤摆动到最高点时，重力会让摆锤减速至停下来，然后开始下落，再次摆向中间，随后由于惯性，摆锤会继续向另一侧摆动。这个过程会循环往复。

摆锤在经过中间时达到最高速度。

名人堂

克里斯蒂安·惠更斯
Christiaan Huygens
1629—1695

这位荷兰科学家和发明家于1656年在伽利略研究的基础上发明了摆钟。他利用钟摆的规律摆动来计时，钟摆的运动带动分针和时针转动。除了在钟表方面的研究，惠更斯还是第一个明确提出土星被卫星环绕的人。

回复力

弹簧是一种很好的振子，当挂上重物时，它就会上下弹跳，使弹簧变形。弹簧通过回复力将自己拉回或推回原来的形状。重物对弹簧（或绳子）的拉伸程度遵循胡克定律。该定律表明，拉伸量（以及由此产生的回复力）与作用在弹簧上的力成正比。如果作用在弹簧上的力增加 1 倍，那么拉伸量也会增加 1 倍。

过重的负荷会使弹簧过度变形，甚至断裂。

蹦床上的人可以通过施加额外的力来增加弹跳的高度和持续时间。

你知道吗 要使摆锤每秒通过一次摆动中心，悬挂摆锤的弦或杆需要 99 cm 长。

圆周运动

当物体进行旋转或绕圈运动时，就在做圆周运动。在做圆周运动时，将物体拉向圆心的力使速度方向不断变化，所以物体的速度在圆周轨道上不断变化。

旋转座椅随着转速的增加向外摆动。

离心力

离心力通常被视为一种惯性效应，它体现了旋转物体由于惯性，倾向于沿着直线路径运动的特性。它描述的是旋转物体有飞离圆心的趋势，但实际上离心力并不是一种真实存在的力。如果另一种力（如向心力）将物体拉向中心，那么物体就会做圆周运动。例如，当淋湿的狗抖动皮毛时，水珠会被甩开，这类似于离心力的作用效果。

● 淋湿的狗来回旋转，抖动身体，来甩掉身上的水。

名人堂

罗伯特·胡克
Robert Hooke
1635—1703

在17世纪，这位英国科学家因发现胡克定律（描述重物如何拉伸材料）而闻名于世。胡克是他那个时代最多产的科学家之一，在重力、钟表、显微镜等许多领域都有所研究。尽管胡克在科学界的名声曾受到争议，但他在生物学、物理学和工程学等领域的贡献是不可磨灭的。

向心力

向心力将物体拉向圆周运动的中心，这与离心力相抵消，从而使物体沿圆周运动。当你用绳子转动一个球时，向心力是由绳子提供的。当地球围绕太阳运动时，太阳的引力就是向心力。

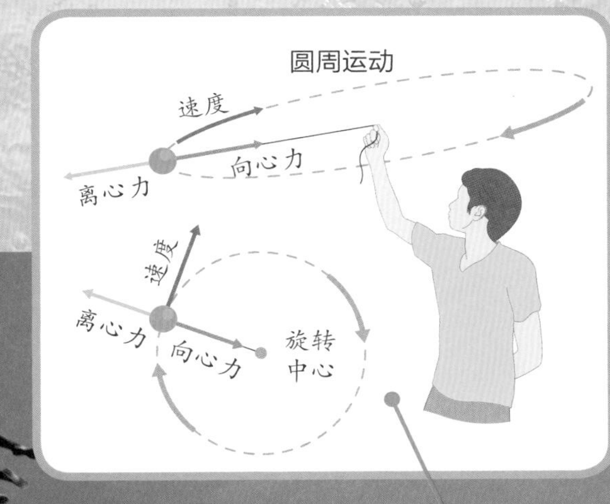

球体的速度方向与向心力的方向垂直，这两者共同作用，使得球体能够沿着圆形轨迹进行运动。

坚固的缆绳提供向心力，这使座椅做圆周运动，而不会因为惯性沿直线飞离出去。

你知道吗 旋风或龙卷风的旋转速度非常快，其内部的空气流动速度可达 500 km/h。

轨道与失重

轨道指的是小天体绕大天体运行的路径，这一概念在天文学中最为常见，例如行星绕太阳运行，卫星绕行星运行。大天体的引力将小天体束缚在其轨道上。人造卫星和空间站也利用这种引力绕地球运行。在轨道上，即使是非常小的物体，包括人类，也会体验到类似失重的感觉。

像这位跳伞员一样，宇航员在轨道上处于自由落体状态，只是他们永远不会到达地面！

失重状态

行星或恒星的引力提供向心力，将卫星、行星或人造卫星等物体拉向它。这种引力本会使物体坠落，但在轨道上的物体的惯性使它试图向外移动。两者共同作用，使得物体做圆周运动，而不是坠落。因此轨道上的物体，包括人造卫星和宇航员，实际上是处于自由落体状态，这使得宇航员感觉像在失重状态下漂浮。

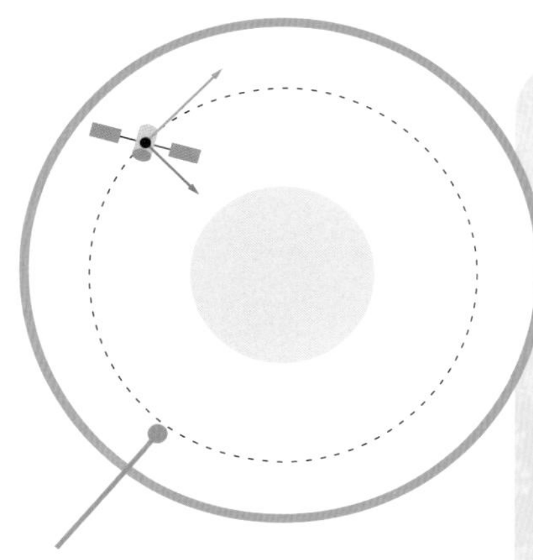

轨道速度是重力和离心力相平衡时的速度。

轨道速度

轨道高度指的是行星或各种飞行器的轨道与其中心天体表面之间的距离。轨道速度（物体在其轨道上运动的速度）与物体所处的轨道高度有关。轨道上靠近地球的卫星比远离地球的卫星移动得快得多。如果卫星减速，它将无法维持在当前轨道，轨道高度降低。

你知道吗

国际空间站的轨道距离地球表面约 420 km。

宇航员在轨道上感觉到失重，并不是因为缺乏重力，实际上，地球轨道上的重力只比地球表面上的稍弱。

飘浮在太空中的宇航员和航天器仍然有质量和动量，仍需要施加力来使其移动。

轨道上没有上、下之分。长时间处于失重状态会对人体产生影响，可能会导致一些健康问题。

名人堂

约翰尼斯·开普勒
Johannes Kepler
1571—1630

这位德国数学家、天文学家通过研究行星如何在天空中运动，发现了行星运动和轨道之间的关系。开普勒发现，行星的轨道不是圆形，而是椭圆形，行星沿着这些椭圆形轨道围绕太阳运行，这意味着它们与太阳的距离在不断变化。行星靠近太阳时运动得更快，远离太阳时运动得更慢。

弹道学

研究物体在空中被投掷或射击时如何运动的学科称为弹道学。这种运动主要由两个力的作用组成：投掷力使物体加速向前（可能向上）运动，而重力则将物体向下拉。通过分析这些力对物体的影响，弹道学可以计算出物体的轨迹和落点。

标枪选手必须掌握好投掷角度（45° 最佳），确保投掷力能使标枪在水平方向上飞出最远距离。

抛物线

投掷力（或枪弹和火箭的助推力）与重力之间的相互作用使投掷物在空中划出一条弯曲的轨迹。这条曲线称为抛物线，其上升路径和下降路径关于对称轴对称。抛物线有垂直高度和水平宽度，它们的大小取决于投掷力的大小、投掷角度等因素。

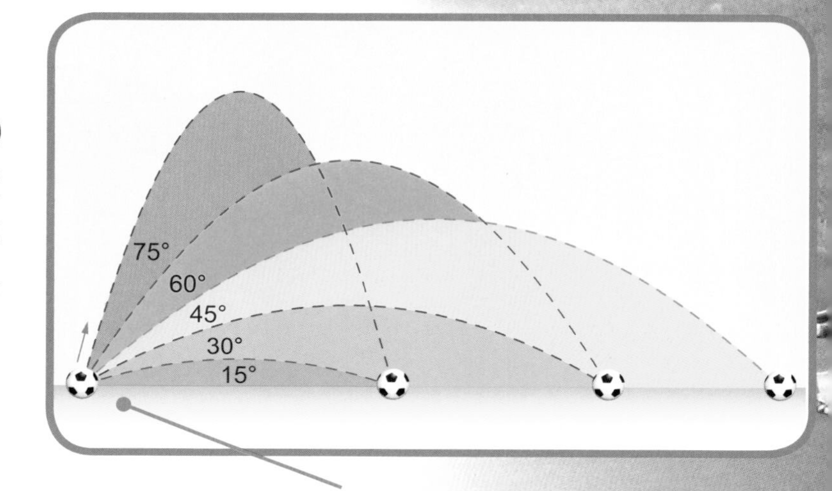

以较小的角度踢出的足球在空中运动的曲线更平、更宽。但如果曲线太平，足球会很快地落到地面上。

克服地球引力

弹道学也可以用来计算航天器的发射轨迹。当火箭发动机能提供足够的推力，使火箭加速到足以克服地球引力的速度时，火箭就能达到轨道速度。这时，火箭不会坠回地球，而是沿着轨道绕地球飞行。

如果火箭再加大推力，那么航天器最终将加速到逃逸速度，完全飞离地球。

名人堂

尼科洛·塔尔塔利亚
Niccolò Tartaglia
1500—1557

这位意大利数学家和工程师将数学应用于弹道学研究，并计算出了炮弹轨迹。他发现以45°角发射炮弹的射程最远。他还是将古希腊数学家欧几里得的重要数学著作翻译成现代欧洲语言的先驱之一。

投掷者将标枪举过头顶，身体向前摆动，通过身体的协调动作来增加标枪的动量，大力地将标枪掷出。

投掷者的技巧在于以恰当的力量和角度投掷标枪，使其沿着一条抛物线轨迹飞行。标枪在空中很容易扭动和翻转。

男子标枪的世界纪录是104.8 m，是由乌威·霍恩（Uwe Hohn）在1984年创造的。出于安全考虑，自1986年4月1日起，世界田径联合会调整了男子标枪的重心位置，以限制标枪的滑翔性能，因此霍恩所创造的这一纪录被认定为“永久世界纪录”。

飞行

物体在空中飞行很困难，共涉及四种力。向下的重力需要通过向上的升力来平衡，推力向前，而空气阻力或拖曳力向后。要使物体能在空中飞行，升力必须与重力相平衡，推力必须大于阻力。

飞机的垂直尾翼用来增强飞机在飞行中的稳定性，方向舵用来控制航向。

升力

飞机机翼的设计目的是产生升力。机翼有特殊的弯曲形状，称为翼型，它使机翼上方的空气比下方的空气流动得更快。速度慢的空气较为密集，因此压强高于速度快的空气。这种压强差使得下方的高压空气推动机翼上升，产生升力。要使机翼像这样工作，飞机需要以一定的速度飞行。

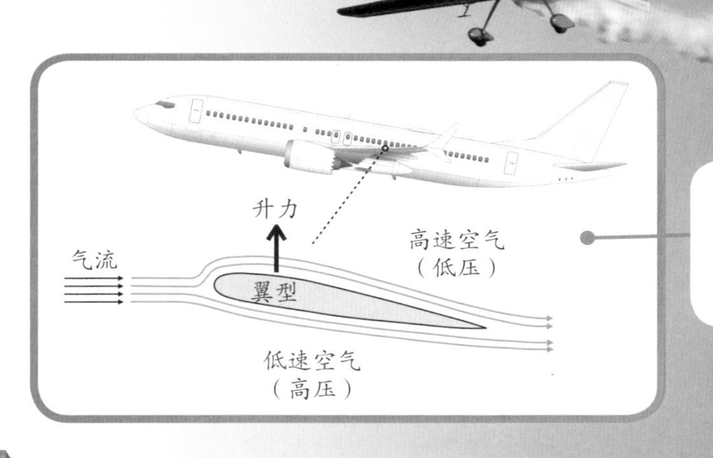

只有当升力大于重力时，飞机才能升空。

名人堂

丹尼尔·伯努利
Daniel Bernoulli
1700—1782

伯努利效应指的是流体在流速增加时压强降低的现象，机翼产生升力的原理与此有关。伯努利效应是以瑞士数学家、物理学家伯努利的名字命名的，在水利、造船、航空等领域有着广泛的应用。伯努利还对概率论和统计学领域做出了重要贡献，他利用数学工具分析数据，以揭示事件发生的真假和可能性。

计算机模型有助于展示飞机飞行时空气是如何在飞机周围流动的。

空气动力学

飞机以每小时数百千米的速度在空中飞行。在这种速度下，空气阻力会对飞机的飞行有很大影响。飞机设计师需要深入理解空气动力学，即空气是如何在飞机周围流动的。光滑、流畅的飞机外形可以减少空气阻力。

从飞机到鸟类，所有飞行的物体都依赖于升力来飞行。

机翼上装有称为襟翼和副翼的活动部件。通过调整这两个活动部件，飞行员可以增加飞机的升力或使飞机变向。

你知道吗

以火箭为动力的 X-15 飞机保持着最快的有人驾驶飞机的飞行纪录，最大速度达 7 274 km/h。

漂浮与下沉

为什么一艘重达数千吨的轮船可以漂浮在水面上，而一枚质量极小的硬币却会沉入水底呢？这背后的原理就是浮力。了解浮力（或物体是如何漂浮的），要从密度开始。密度是衡量单位体积的物体所含的质量的物理量。一桶水的质量比一桶空气的质量大，是因为水的密度比空气的大。在水中，密度大于水的物体会下沉，而密度小于水的物体会漂浮在水面上。

浮力

木头的密度比水的密度小，所以木头在水中会浮起来，而金属砝码的密度比水的密度大得多，所以金属砝码在水中会沉下去。当物体落入水中时，重力会将其向下拉，同时，水对物体产生的浮力会将其向上推。当物体的密度比水的密度大时，重力就会大于浮力，使物体下沉；如果物体的密度比水的密度小，那么浮力会与重力相平衡，使物体漂浮在水面上。

浮力的大小等于物体排开的液体所受的重力。

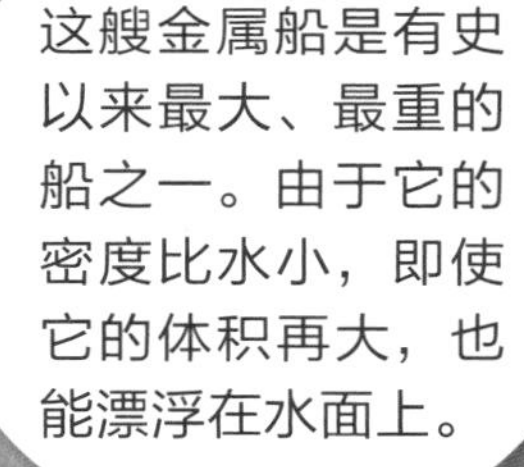

这艘金属船是有史以来最大、最重的船之一。由于它的密度比水小，即使它的体积再大，也能漂浮在水面上。

飘浮在空中

气球和飞艇能飘浮在空中飞行，是因为它们的密度小于空气本身的密度。气球周围气体对气球产生的浮力大于气球的重力，这使得气球飘浮到空中。飞艇里充满了氦气（一种非常轻的气体），而热气球则是通过加热内部的空气变轻的。

这些巨型气球内的空气被加热后会膨胀，导致气球内空气的密度降低，小于外部冷空气的密度。

这艘船很大！在陆地上，船上的每个长方体集装箱都要用大卡车来拉。

海水的密度受温度和盐度的影响，淡水的密度比咸水的密度小。船体上标有载重线，显示不同条件下船只的安全载重范围。

名人堂

科内利斯·德雷贝尔
Cornelis Drebbel
1572—1633

这位荷兰工程师于1620年建造了世界上第一艘潜艇。他设计的潜艇外观像一个大型的船形桶，德雷贝尔通过向潜艇内部的羊皮囊中注、放水来控制浮力，从而实现潜艇的下潜和上浮。

你知道吗

冰是少数几种能漂浮在其液态形式（水）中的固体之一。大多数物质在凝固后密度会增加，因此会沉入其液体中。

第3章
能 量

做功

在物理学领域，“功”有着特定的含义：一个力作用在物体上，使物体在力的方向上移动一定距离的过程中，力对物体所做的能量转移。功的国际单位是焦耳，简称焦，符号是 J。

运动会让我们身体发热，因为我们的肌肉在努力做功时，部分能量会转化为热能。

能量损失

做功过程中，部分机械能可能会转化为热能。这些热能往往难以再转化为原有的机械能形式，因此可以视为能量的一种损失，它通常会从系统中散失。这种现象与熵的概念相关，熵揭示了能量倾向于扩散和无序化。因此，任何做功系统都会不断损失能量，最终停止做功，除非有外部力的持续作用来补偿这些损失。

简而言之，做功就是通过力将物体沿力的方向移动一段距离的过程。搬这些麻布袋很辛苦！

坠落

瀑布中的水在飞流直下时也在做功。在瀑布顶部，水具有重力势能，这是因其高度或位置而具有的能量。当使水因重力作用坠落悬崖时，水的重力势能转化为动能。

瀑布底部的水温略高，是因为部分动能转化为了热能。

名人堂

詹姆斯·焦耳
James Joule
1818—1889

能量的单位“焦耳”是以这位英国物理学家的名字命名的。19 世纪 60 年代，焦耳做了一个著名的实验：他用一个下落的重物带动水槽中的搅拌器旋转。他的实验表明，重物一次又一次地下落使水逐渐变热，从而证明了机械能可以转化为热能。

功，单位为焦耳，是通过力乘距离来计算的。因此，1 J 就是将 1 kg 物体在 1 s 内移动 1 m 所做的功。

肌肉所做的功传递给麻布袋，使麻布袋从地面向上移动到卡车后部。

你知道吗 一个成年人在 24 h 内平均消耗约 800～1 000 万焦能量。

热能

热能是一个物体或系统由于其内部分子或原子的热运动或相互作用而产生的能量。当原子获得热能时，它们会振动得更快，导致物质温度升高。热能总是自发地从温度较高的物体流向温度较低的物体，直到最后所有物体的温度都相同。

加工金属的工人戴着厚厚的隔热手套，防止热量传递，从而灼伤皮肤。

热传递

热量是热能的传递量，描述的是过程。热量有三种传递方式：传导、对流和辐射。在固体中，传导通过原子间的相互碰撞和挤压实现。对流是由较热的流体在较冷的流体中上升引起的，当热流体冷却下降时，会被新上升的受热流体取代，形成循环流动。辐射则以电磁波的形式传播能量。

传导

对流

辐射

温水上升，冷却，下沉，这就形成了对流，使热量在空间中分布。

- 温标固定一个上限和下限，并将两者之间的温差以摄氏度（℃）为单位进行划分。这个温度计显示的是水的凝固点。

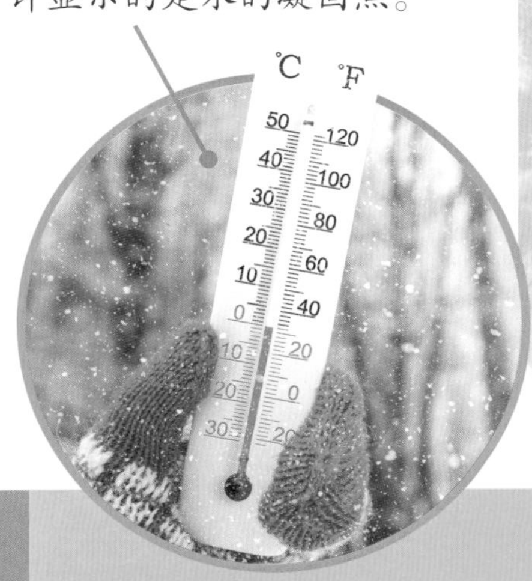

测量温度

温度计常用于测量温度。温度是衡量物质中粒子的平均动能的物理量，但它并不能衡量物质的总能量。例如，尽管火花的温度要高于冰山的温度，但一座冰山所含的原子数远远多于火焰中的原子数，所以总能量要比火焰所携带的总能量多得多。

名人堂

开尔文勋爵
Lord Kelvin
1824—1907

这位英国物理学家的原名是威廉·汤姆森（William Thomson），他是热力学温标（绝对温标）的发明人，被称为现代热力学之父。他不仅改变了人们对物理学的理解，还帮助推动了制冷和电信等新技术的发展。可能的最低温度或绝对零度是−273.15 ℃，这是物质理论上具有最小热能的温度，现在被称为 0 开尔文，记作 0 K，即 0 K=−273.15 ℃。

你知道吗

太阳辐射的能量主要分布在可见光区和红外区，前者约占太阳辐射总能量的 50%，后者约占 43%。

动能

获胜的自行车手特别擅长将肌肉活动时产生的能量转化为自行车的动能。他们通过双腿上下推动踏板，再通过链条和齿轮系统转化为车轮的转动，使自行车向前运动。

物体由于运动而具有的能量被称为动能。当汽车、火车等大型物体运动时，动能的表现尤为显著。月球、地球、太阳及宇宙中的所有其他物体都在运动，在微观尺度上，原子也在不停地运动，因此它们都具有动能。

速度与安全

当物体的速度增加时，其动能也会增加，但它们各自增加的量并不相同。当速度加倍时，动能会变成原来的 4 倍，这就是为什么道路上的速度限制非常重要。即使速度稍有提高，也会使车辆行驶时的动能显著增加，在碰撞中造成的损害也会更大。

● 卡车等重型车辆的限速比轿车低，是因为卡车的动能更大（相同速度下），发生事故时更危险。

截锋（橄榄球比赛中的角色）通过与对手的碰撞来吸收、消耗对手的动能，阻止对手前进。

能量转移

当两个运动的物体相撞时，动能会发生转移。动能不仅与速度有关，还与运动物体的质量成正比。因此，当两个物体以相同的速度运动时，质量较大的物体总是拥有更多的动能。碰撞中能量的转移量取决于碰撞的角度及物体的材料特性，如硬度或弹性。

名人堂

埃米莉·杜·夏特莱
Émilie du Châtelet
1706—1749

法国物理学家和数学家夏特莱一直致力于对牛顿的科学著作进行翻译和注解，她将牛顿的《自然哲学的数学原理》翻译成法文，并在翻译中加入了自己的评论和解释，尤其是对动能与能量守恒的概念进行了阐释，对这些概念的普及和理解做出了重要贡献。她的工作使得牛顿的理论在法国乃至整个欧洲大陆得到了更广泛的理解和接受。

你知道吗

“kinetic”一词来自希腊语，意为运动。“cinema”一词也与运动有关。

势能

动能与物体的运动有关，而势能则是指以不同方式储存在物体内的能量。当对物体做功时，能量就会转移到物体上。即使物体看起来静止不动，能量也始终存在，当条件合适时，它就能释放出来。

过山车上的乘客能感受到重力势能突然转化为动能。他们被缓缓提升到轨道顶部后，在重力的作用下加速从另一侧滑下。

电势能

电势能是势能的一种形式，是电荷在电场中具有的势能。当系统中存在电荷差，即正负电荷分离形成电势差时，就会产生电势能。为了重新平衡电荷分布并释放电势能，电子会以电流的形式运动（动能的一种形式）。

给电池充电时，电流会将带电粒子分开并储存能量，形成电势能。使用电池时（电池放电），这些储存的电势能就转换成电能，释放出来供设备使用。

弹性势能

某些固体材料在受力时会发生形变（改变形状）。材料的永久性变化称为塑性形变，能量不会储存在新的形状中；材料的暂时性变化称为弹性形变，当力移除后，形状会恢复到原始状态，拉伸材料中储存的能量是弹性势能。这种能量能使球反弹，也用于弹簧和发条装置中。

拉伸弹力绳时，它具有了弹性势能，这一过程有助于锻炼肌肉，使人保持强壮。

你知道吗

河流由于水的重力势能而流动。雨水在重力的作用下降落并积聚在高山上，在重力的持续影响下，会沿着山坡向低处流动，最终汇聚成河流，奔向大海。

名人堂

索菲·热尔曼
Sophie Germain
1776—1831

热尔曼虽然没有进入大学学习，但她通过自学，以及和一些数学家通信交流，对数学的研究逐渐深入。1816 年，她因在弹性体振动理论方面的研究工作获得了巴黎科学院颁发的大奖，成为第一位获得巴黎科学院表彰的女性。

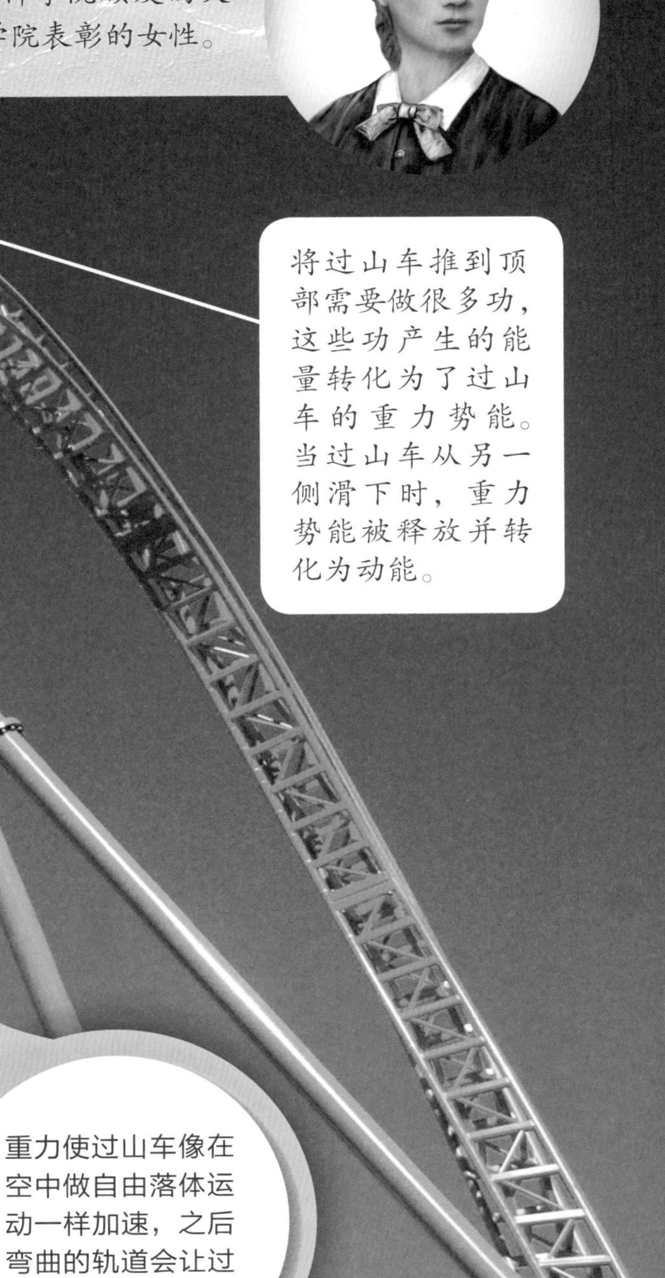

能量的其他形式

能量守恒定律是物理学的主要定律之一。该定律指出，能量既不会凭空产生，也不会凭空消失，能量只会从一种形式转化为另一种形式，或者从一个物体转移到另一个物体。除了动能、热能和势能，还有其他几种不同形式的能量。

电能

大多数现代机器都是利用电能驱动的。电能是一种能量形式，通过电荷的移动（电流）来传递。加热器是一种简单的设备，其中的电子在导线中移动，并与导线中的原子相互作用，将电能转化为热能（有时也可以以可见光的形式转化为光能）。

- 计算机内部的微型芯片是由电能驱动的，它们利用电能进行计算和执行指令。电脑屏幕也是由电点亮的。

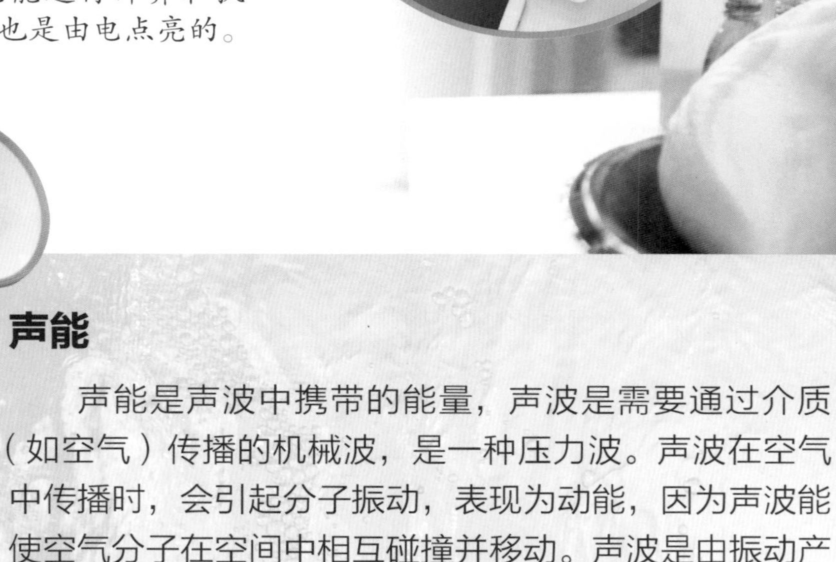

- 扩音器有一个能快速前后振动的锥体（通常称为振膜），这种振动能将声音放大！

声能

声能是声波中携带的能量，声波是需要通过介质（如空气）传播的机械波，是一种压力波。声波在空气中传播时，会引起分子振动，表现为动能，因为声波能使空气分子在空间中相互碰撞并移动。声波是由振动产生的，声音的响度越大，表示声波携带的能量越多。

大脑在进行思考时需要消耗能量。对于成年人来说，大脑消耗的能量约占人体每天所消耗的能量的 20%。

功率

功是能量从一个物体转移到另一个物体的度量，功率则是做功速率的度量。例如，两个体重相同的游泳者沿直线游过同一长度的泳池，理论上他们所做的功是一样的，但更强大的游泳者可能拥有更大的功率输出，并在更短的时间内完成游泳，这意味着他在单位时间内做了更多的功。

这种强大的卡车可以在短时间内搬运大量货物。

瓦特

功率的计量单位是瓦特（W），是以詹姆斯·瓦特（James Watt）的名字命名的。他用功率这一概念解释了为什么他的蒸汽动力发明能比人工更有效率。1 W 等于 1 s 内传输 1 J 的能量。我们家中的大多数电器都标有以瓦特为单位的额定功率，这告诉我们在单位时间内它们会消耗多少能量。额定功率低的机器更节能，但它完成工作可能需要更长时间。

- 灯泡的功率以瓦特为单位。某些专业照明设备，如泛光灯，其功率可达到家用灯泡的约 10 000 倍。

名人堂

詹姆斯·瓦特
James Watt
1736—1819

这位苏格兰工程师因研究蒸汽机而闻名于世。他改进了蒸汽机早期的设计，创造出了使用效率更高的机器。在瓦特改进之前，蒸汽机需要使用大量燃料，但产生的功率不大。瓦特设计的蒸汽机体积大、功率大，主要用于工厂和矿山。后来的发明家为船舶和火车制造了更小的蒸汽机。

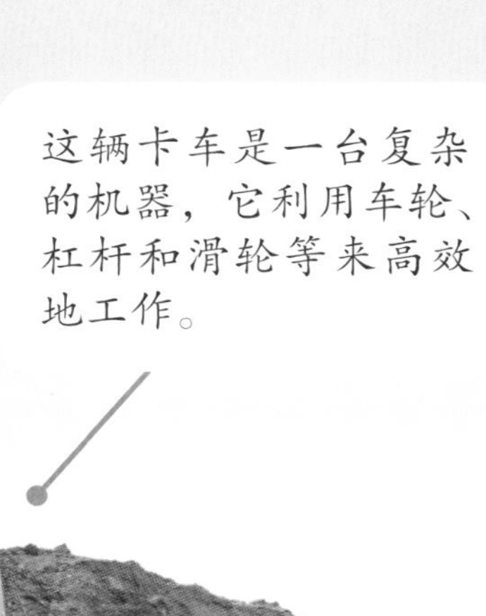

这辆卡车是一台复杂的机器，它利用车轮、杠杆和滑轮等来高效地工作。

利用功率

机器比人体强大，这意味着一台机器可以完成通常需要许多人才能完成的工作。最初的功率单位之一是马力，这是因为在早期人们将机器与搬运重物的马匹的力量相比较。如今，汽车和其他交通工具的动力有时仍以马力为单位，1 马力约为 735 W。据估计，一匹马的功率输出大约是一个人的 10 倍。

与人相比，这种叉车可以举起更重的物体，而且它能更快地举起物体，并把它举得更高。

翻斗车使用强大的活塞来倾斜车斗，使货物从后面滑落。

你知道吗

NASA 的土星 5 号运载火箭使用的 F-1 火箭发动机的涡轮泵非常强大，其机械功率可达约 4 100 万瓦特。

杠杆

长桨是推动船前进的杠杆，支点是桨与船连接的桨栓或桨架。

有6类简单机械经常被组合在机械装置中：斜面、杠杆、滑轮、轮轴、螺旋、楔子。机械通常指的是各种机械设备和构件，它们能够将动力（如使用者施加的力）转化为阻力（如机器施加的力）。机械要发挥作用，通常旨在减少做某事所需的动力，这被称作提供机械优势。杠杆是这些简单机械中最基本的一种。

这辆手推车属于第二类杠杆。人用力抬起手柄，杠杆围绕车轮处的支点转动，手推车中的货物在支点和手柄之间。

三类杠杆

杠杆是围绕支点（转动点或平衡点）运动的硬杆。第一类杠杆，如跷跷板，它的支点在中间，动力和阻力在两侧。将一侧向下压（施加动力），另一侧就会向上抬起（产生阻力）。第二类杠杆，如手推车，支点在一端，动力在另一端，阻力作用在中间。镊子属于第三类杠杆，动力施加在支点和阻力作用点之间。

剪刀是一对在支点处连接的第一类杠杆。当力作用在剪刀的把手上时，这两个杠杆在同一支点上转动。

改变力

杠杆可以改变力的大小，这意味着动力和阻力的大小可以不同。杠杆不能改变动力所做的功，但它可以在较短的距离内施加较大的力，这就是用杠杆举起重物的真相。你无法直接移动大且重的物体，但通过将杠杆的一端移动一段较长的距离，就可以将动力转化为足够的机械优势，使物体在另一端移动一小段距离。

名人堂

阿基米德
Archimedes
公元前 287—212

这位伟大的古希腊数学家出生于现在的西西里岛。除了在数学上的发现，阿基米德还做出了几项发明，主要是为了保卫他所在的城市不受罗马人的攻击。其中一项发明是利用杠杆原理的机械装置，称为阿基米德之爪，它可以钩住靠近城墙的敌船，使之失去平衡，从而沉没。

你知道吗

已知最古老的杠杆式机器是给物体称重的秤。大约 5 000 年前，它在埃及的一座古老墓穴中被发现。

斜面、楔子与螺旋

斜面、楔子和螺旋也是简单机械，它们都有一个共同的特点，就是末端较细，沿长度方向越来越宽。斜面使重物更容易被举起，楔子是一种切割机械，而螺旋则是斜面的变形。

这种螺旋状的机器叫作螺旋钻，用来深入地下挖洞。

斜面

功的计算公式是“功 = 力 × 距离”。要一次性将重物直接举起，需要在短时间内施加较大的力。斜面可以用较小的力在较长的距离内完成相同的功。楼梯就是一种斜面，如果没有楼梯，要在楼层之间移动是非常困难的！

埃及金字塔的巨型石块可能是利用斜面拉上去的。

楔子

楔子的基本形状类似于斜面，一端薄一端厚。楔子是一个力量倍增器，当向厚的一端施加力时，力会传递到薄的一端，而薄的一端通常是尖锐的。这种集中的力会产生非常大的压强，因此楔子可以劈开所接触的东西。

斧头呈楔形，能劈开大多数东西。

你知道吗

石器时代的手斧是一种楔形工具，被用作切割器，由我们人类的祖先在100多万年前发明！

螺杆像螺旋状缠绕的楔子或斜面。螺旋钻的工作原理是当螺杆转动时，它切入地面，将松散的泥土提升到洞外。
螺旋钻作为一种高效的钻探工具，在现代土建工程中发挥着重要作用。

轮轴与滑轮

轮轴是一种非常重要的机械，车轮属于轮轴，最早可能是在约 5 500 年前发明的，用于移动手推车和马车。滑轮是一种用来提升重物的简单机械。

滑轮

最简单的滑轮是定滑轮，它由一个绕着绳子的轮子组成。这种滑轮只能改变力的方向，如果你向下拉绳子的一侧（施加动力），另一侧就会以同样大小的力向上拉（产生阻力）。而动滑轮和滑轮组可以起到使力倍增的作用，一个动滑轮可以移动 2 倍于动力的阻力。然而，要将重物提升到与定滑轮相同的高度，动滑轮的绳子必须拉 2 倍的距离。

这个动滑轮用于提升挂在吊钩上的货物。

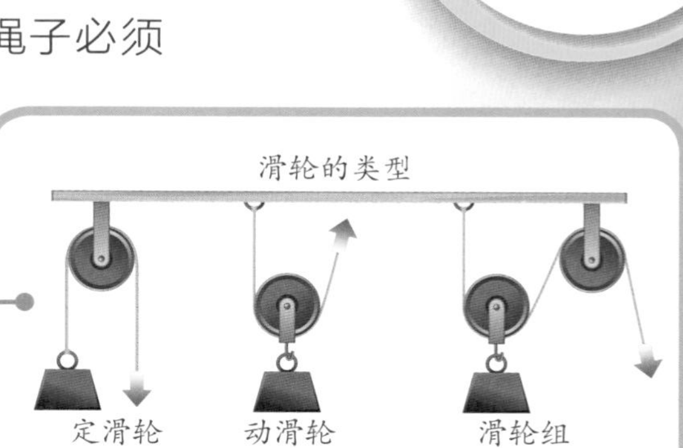

- 动滑轮由绳子两侧一同分担阻力，因此提升阻力所需的动力较小。

名人堂

阿尔·贾扎里
Al-Jazari
1136—1206

这位阿拉伯工程师和发明家因制造出栩栩如生的自动机械而为人们所熟知。这些自动机械可以被视为早期形式的机器人，它们能够完成一系列有限的动作。阿尔·贾扎里使用滑轮和其他机械装置，结合水车驱动，制造了能够倒饮料或播放音乐的自动机械。

车轮的辐条从车轴向外扩散，能保持轮辋的结构刚性，这样也能使车轮比实心圆盘更轻。

轮轴

车轮是最常见的轮轴，车辆需要车轮来移动。车轮绕车轴转动，车轴是一根穿过车轮中心并与车辆相连的刚性杆。在大多数情况下，车轮的转动是由车轴的旋转运动引起的。车轴每转动一圈，车轮就转动一圈。车辆沿道路移动的距离等于车轮的周长乘车轮转动的圈数，这比车轴转动的距离要大得多。

这里的滑轮组与电缆相连，可以提升和降低起重机的长臂。

这种大型的基座式起重机可用于将货物吊进和吊出船舱。

摩天轮是一种特殊类型的轮轴，世界上最大的摩天轮“迪拜眼”的直径达250 m，这大约是一个足球场长度的2倍多。

发动机

发动机是一种能够把其他形式的能转化为机械能的设备。它可以用来驱动车辆在陆地上行驶、轮船在水上航行，以及飞机在空中飞行。传统的发动机大多通过燃料燃烧产生动力，通常使用的是化石燃料，这会造成环境污染。现在，越来越多的发动机正逐渐被电动机所取代。

喷气式发动机通过燃烧空气和燃料的混合物来工作，燃烧产生的气体从后面喷射出来，产生推力。

热机

热机分为外燃机和内燃机两种类型。外燃机的工作原理相对简单，其燃料在外部燃烧，热量逐渐传递给工作流体，工作流体推动外燃机中的运动部件开始运转。蒸汽机是外燃机的一个典型例子，它的工作流体是沸腾成蒸汽的水。汽车、轮船和飞机等广泛使用的是内燃机，其燃料就是工作流体。

● 蒸汽机的效率很低，而且它对环境造成的污染极大。

齿轮

发动机产生的动力通过一系列齿轮传递给汽车的车轮或轮船的螺旋桨。这些齿轮相互啮合，当其中一个齿轮（主动轮）转动时，与之相接触的齿轮（从动轮）也会随之转动，只不过它们的转动方向相反。齿轮转动的圈数取决于齿轮的齿数。如果从动轮的齿数是主动轮的一半，那么从动轮的转速将是主动轮转速的 2 倍。

齿轮用于传递来自发动机的动力。

名人堂

尼古拉·莱昂纳尔·萨迪·卡诺
Nicolas Léonard Sadi Carnot
1796—1832

这位法国工程师在19世纪20年代研究了蒸汽机的工作原理。他的发现可以用来解释所有热机的工作原理和能量的传递方式。卡诺有时被称为热力学之父，热力学是物理学的一个重要分支，主要研究热、功和能量之间的关系。

气流还会驱动涡轮机吸入更多空气并将其挤压，以促进燃烧过程的运行。

喷气式发动机的工作原理是将燃料的化学能转化为快速流动的气体的动能。

你知道吗

大约2 000年前，亚历山大港的希罗发明的汽转球被认为是一种简单的蒸汽动力装置，靠喷射热蒸汽驱动小球旋转。

波的性质

许多形式的能量以波的形式传播。波是振动状态的传播，它可以将能量从一个地方传递到另一个地方，而不需要物质的移动。所有的波都有波长、频率和振幅。虽然光和声音的区别很大，但因为它们都是波，所以它们的行为在某种程度上是可以预测的。波的特性决定了它在我们眼中的样子，例如红光。

波有波峰和波谷。波长就是从一个波峰到下一个波峰的距离。

频率

波的频率是指波每秒完成多少次振动或循环。频率以赫兹（Hz）为单位，频率为 1 Hz 的波在 1 s 内完成 1 次振动。频率可以很好地体现波的能量，对于同种类型的波，高频波比低频波携带更多的能量。

• 这些乐器能发出不同频率的声波。我们的耳朵具有分辨声波频率的能力，高频的声波听起来音调较高，而低频的声波听起来音调较低。

名人堂

毕达哥拉斯
Pythagoras
约公元前 570—前 495

这位古希腊数学家最著名的工作是关于直角三角形的研究，并提出了毕达哥拉斯定理。除了数学，毕达哥拉斯还对音乐理论有所贡献，他用数学方法研究乐律，并认为音乐的和谐与数学比例有关。他发现乐器上琴弦发出的音符与琴弦长度之间的关系：将琴弦的长度减半，音调就会上升一个八度。

速度

波的速度是通过波长乘频率来计算的，因此，如果波的波长为 0.5 m，频率为 5 Hz，那么波的波速就是 0.5 × 5=2.5（m/s）。声波和海洋波的传播速度可以不同，但光速在相同介质中总是相同的，在真空中最快，在空气中次之，在水中更慢。

这架喷气式战斗机正冲破音障，形成一团云雾，因为它在空中的飞行速度超过了声波的传播速度。

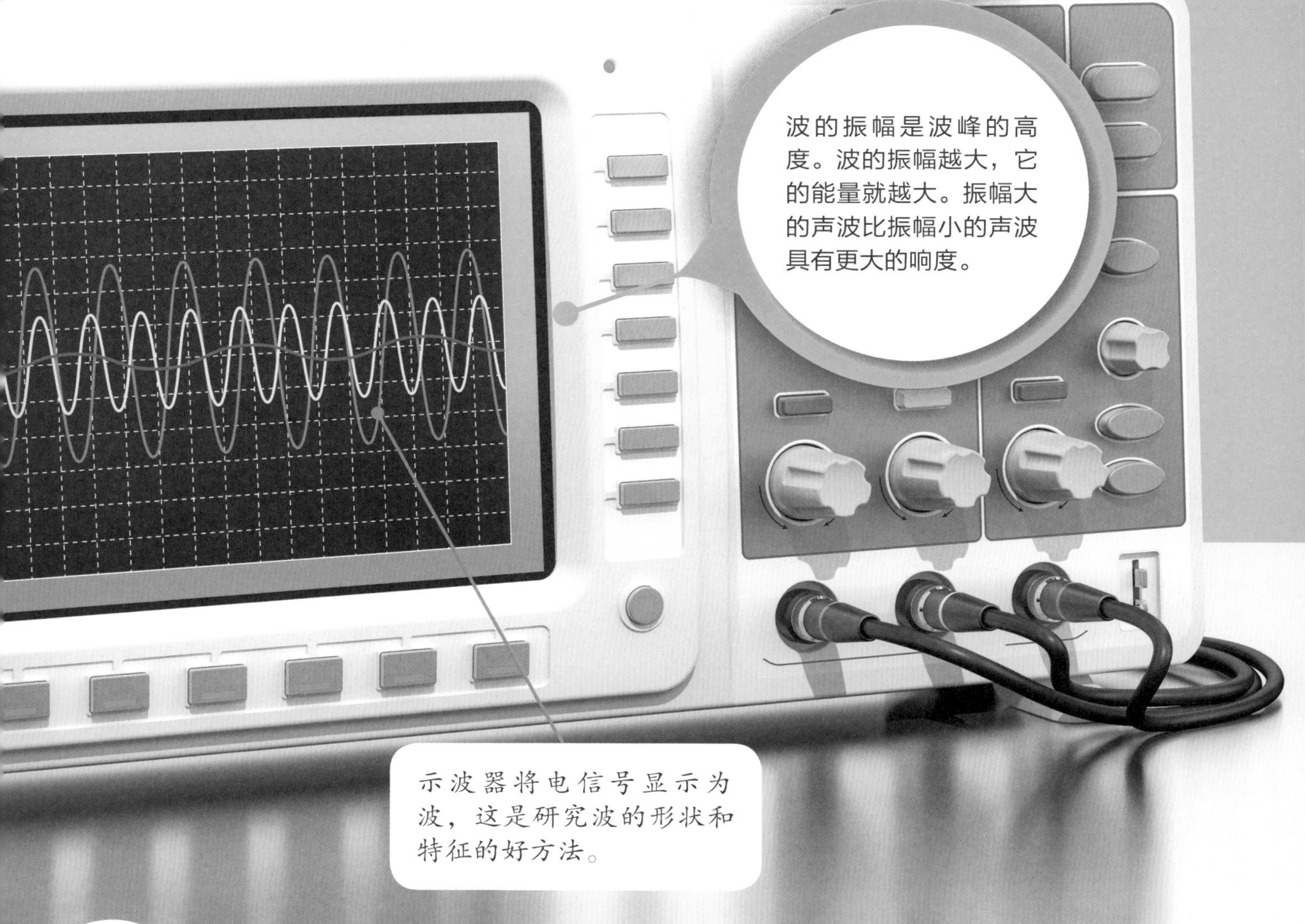

波的振幅是波峰的高度。波的振幅越大，它的能量就越大。振幅大的声波比振幅小的声波具有更大的响度。

示波器将电信号显示为波，这是研究波的形状和特征的好方法。

你知道吗

地震是由地震波引起的，这些波是由地壳内部的突然破裂或变形产生的，地震波到达地表时会使地面震动。

波的类型

波是能量传播的一种形式。波的类型通常包括纵波、横波和表面波。每种波都以特定的方式振动。声波和一些地震波（穿过地球内部的波）属于纵波，光波和电磁波属于横波，而海洋表面的水波则属于表面波。

纵波（如声音）需要介质（如空气）来传播。太空中没有声音，是因为它是真空的——没有介质。

表面波

表面波形成于任何具有自由表面的介质中，并沿着介质表面传播。人们最熟悉的表面波是海面上的波浪，它们沿着水和空气的交界传播。水本身并不随波移动，相反，波浪的波峰和波谷是由水的上下运动形成的，并在同一个地方循环往复。

- 海浪在浅水区破碎是因为此时浪的底部的速度减慢，而浪的上半部分由于惯性作用继续向前移动。

拾音器捕捉弦的机械振动，并将其转换为电信号，电信号随后被传送至放大器，放大后的电信号再被送到扬声器。扬声器内的线圈在电信号的作用下振动，使扬声器的振膜振动，这种振动推动周围的空气产生声波。该声波与吉他发出的声音相匹配，只是声音变大了！

名人堂

英奇·莱曼
Inge Lehmann
1888—1993

这位丹麦科学家是地震学的先驱，对地球内核的结构做出了开创性的发现。莱曼于1936年提出了地球核心由两部分组成的理论：一个固体的内核被一个外层液态核心所包围。她研究了由地球另一端的地震产生的强大地震波，这些波穿过地球中部，其中一些波被阻挡或反射，揭示了地球的热金属内核实际上是一个由固体金属构成的内部区域。

你知道吗

海啸通常被认为是最大的水波，它以洪水而非巨浪的形式到达海岸。附近发生大地震后，海啸掀起的波浪可高达 30 m。

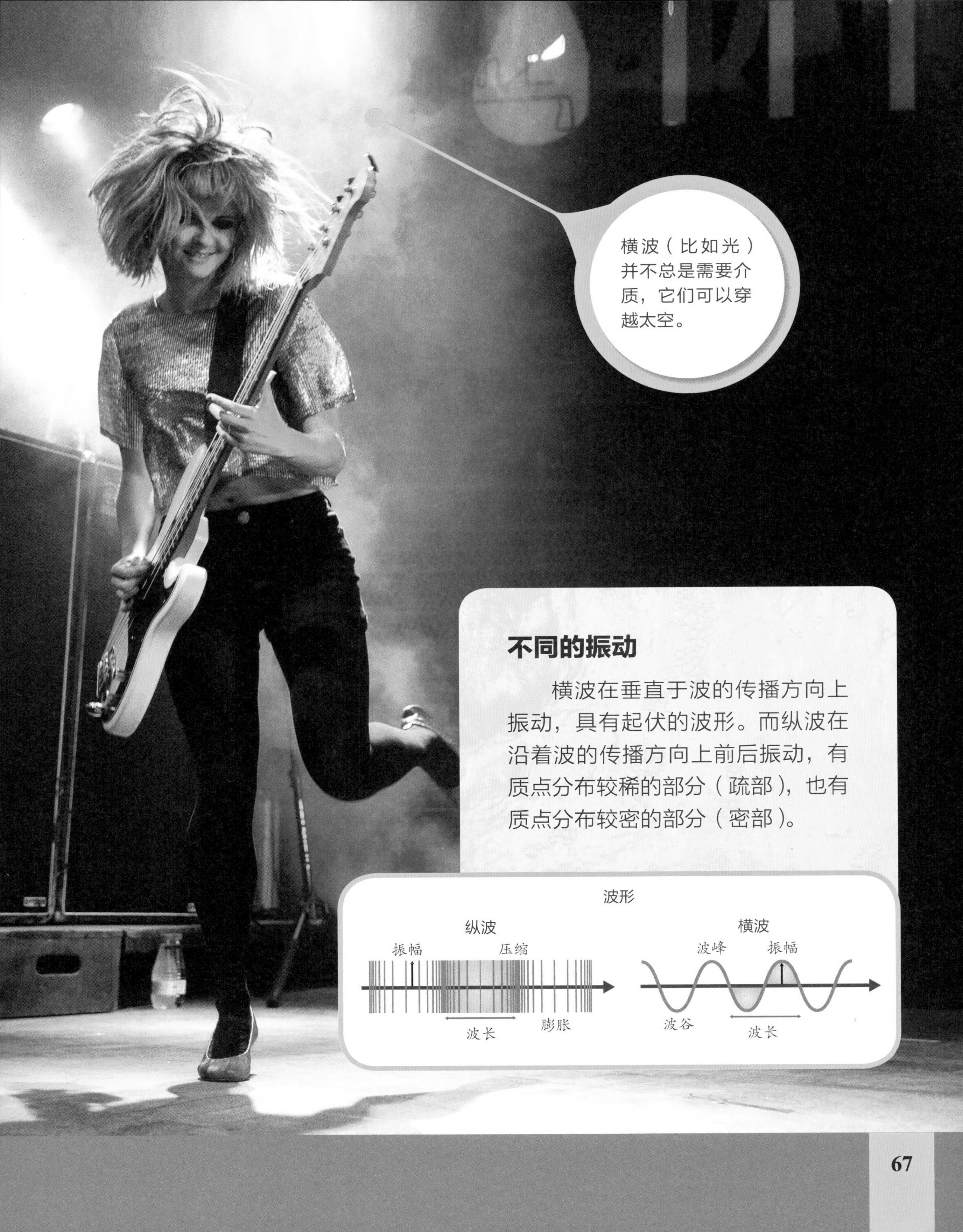

不同的振动

横波在垂直于波的传播方向上振动，具有起伏的波形。而纵波在沿着波的传播方向上前后振动，有质点分布较稀的部分（疏部），也有质点分布较密的部分（密部）。

电磁波谱

光波只是电磁波谱中的一部分，是我们的眼睛能够探测到的光谱中间的一窄段。我们看不见其他不同波长的电磁波，但它们同样真实存在。除了光波之外，电磁波谱还包括紫外线、无线电波、红外线、X 射线和 γ 射线等。

白光是由光谱中介于红光和紫光之间的光组合而成的。明亮的阳光看起来是白色的，因为它包含了可见光谱中所有颜色的光。

紫外线

这种看不见的辐射在光谱中紧邻紫色可见光，因此，它被称为紫外线或 UV。紫外线的波长比我们看到的光的波长更短，它携带的能量更多。在强烈阳光下，紫外线可能会灼伤人的皮肤，导致晒伤。

有些涂料和染料在紫外线的照射下会发出荧光。

无线电波、微波

与光波相比，无线电波的波长更长，因此它们携带的能量较少，这一特性使它们可安全地用于通信。无线电广播和电视信号都是以无线电波的形式传播的。微波的波长比无线电波短，它们在通信和微波炉中都有应用。在微波炉中，微波的能量被食物中的水分吸收，使水变热，从而加热周围的食物。

无线电波用于在对讲机之间以及电话之间传输信号。

名人堂

詹姆斯·克拉克·麦克斯韦
James Clerk Maxwell
1831—1879

麦克斯韦，苏格兰物理学家，是第一个全面解释光和其他电磁辐射工作原理的科学家。1865年，他提出辐射是由贯穿整个空间的电场和磁场的波构成的。麦克斯韦在电磁学领域的成就与牛顿在力学领域的成就一样重要。

我们眼睛内的光感受器可以对不同波长的光做出反应，使我们能够看到不同颜色的光。红光的波长最长，紫光的波长最短。绿光和黄光处于可见光范围的中间。

阳光中还含有看不见的辐射。这些辐射的波长比红光长，它们在光谱中紧邻红色可见光。这些辐射被称为红外线。

你知道吗

在所有的电磁辐射中，γ 射线的能量最高，它的波长通常短于 10^{-10} m。

干涉

当两个波相遇时，它们会相互作用，可能相互结合、抵消或改变方向，这就是所谓的干涉。从海浪和声波，到传输电话和电视节目等信号的无线电波，各种波都可以发生干涉。这些无线电波的干涉会改变信号，从而影响声音和图像的清晰度。

在洒落在潮湿地面上的石油上，会因光波的相互干涉而产生彩虹图案。

波的叠加

波相遇时会发生什么取决于它们的相位。当两个相位相同的波相遇时，它们会同步振荡，同时上升和下降，结合成一个振幅更大的波，这就是相长干涉。当两个相位差为 π 的奇数倍的波相遇时，它们会相互抵消，形成相消干涉。

波的干涉

名人堂

古列尔莫·马可尼
Guglielmo Marconi
1874—1937

这位意大利发明家开发了第一个无线电通信系统。马可尼的无线电发射机和接收机功能强大，能够将信号传送很远的距离。1901 年，马可尼成功实现了从加拿大纽芬兰到英国康沃尔之间的横跨大西洋的无线电通信。起初，这些信号是以莫尔斯电码发送的，但后来麦克风技术的发展使得利用无线电波发送声音成为可能。

你知道吗

1912 年，当泰坦尼克号沉没时，人们使用马可尼无线电系统发出了求救信号。遗憾的是，离得最近的一艘船当晚关闭了无线电设备。

降噪技术

耳机的左右耳都有一个扬声器。然而，周围的噪声会干扰我们听清耳机里传来的声音。为了解决这个问题，降噪耳机会捕捉这些额外的声音，然后生成一个相位相反的声音信号。当这个反向声波与原始噪声同时播放时，两种声波通过相消干涉相互抵消，我们就听不到噪声了！

反射

反射常发生于镜子和其他光亮的表面。当波遇到它无法穿过的表面时，就会发生反射。各种波都会发生反射，回声就是声波发生反射形成的。我们之所以能看到周围的物体，是因为它们反射了光。

光滑镜面的反射光束与入射光束的排列方式相同，这就是我们能看到反射图像的原因。

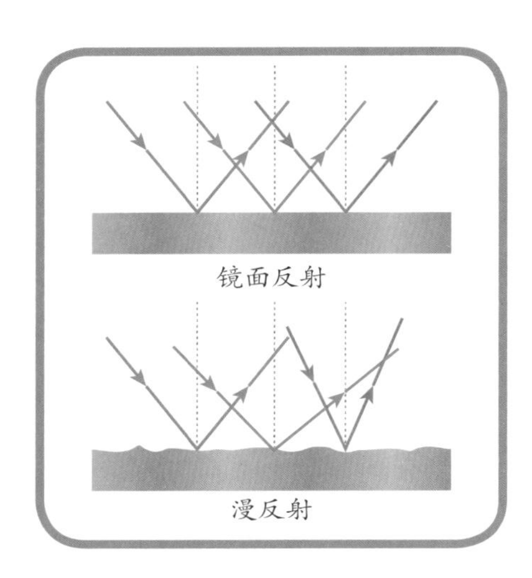

反射角

光束总是沿直线传播的。如果表面光滑，比如一面镜子，那么反射出来的光线会平行地向一个方向反射出来，这就是镜面反射。如果表面粗糙，比如下雨后形成的水坑，光线会以不同的角度照射到表面上，因此反射后的光线会向各个方向分散，这就是漫反射。

雷达

雷达系统将无线电波发射到物体上，并监测反射回来的无线电波。雷达可以用来追踪因距离太远而无法观察到的飞机和船只。气象卫星使用调谐雷达来监测云层的反射，尤其是充满雨水的云层。

从雷达图像中可以分析出风暴正在酝酿之中。

你知道吗 月球和行星没有自己的光源，我们能看到月球和行星，是因为它们能反射太阳的光。

名人堂

阿布·阿里哈桑·伊本·海赛姆
Abu Alial-Hasan ibn al-Haytham
约 965—1040

这位阿拉伯科学家是最早进行物理科学实验的人之一。他在光学领域有多项研究。伊本·海赛姆指出，我们之所以能看到物体，是因为眼睛接收到了从物体反射而来的光线。在此之前，大多数人认为眼睛会发射某种物质来“触摸”物体并看见它们。

折射

光可以穿过透明物质，如空气、水、玻璃和透明塑料。当光束穿过密度不同的物质时，会改变传播方向，发生偏折，这种现象就是光的折射。折射会使物体看起来是弯曲的或位置发生改变，这是因为光从一种物质进入另一种物质时，速度发生了变化。

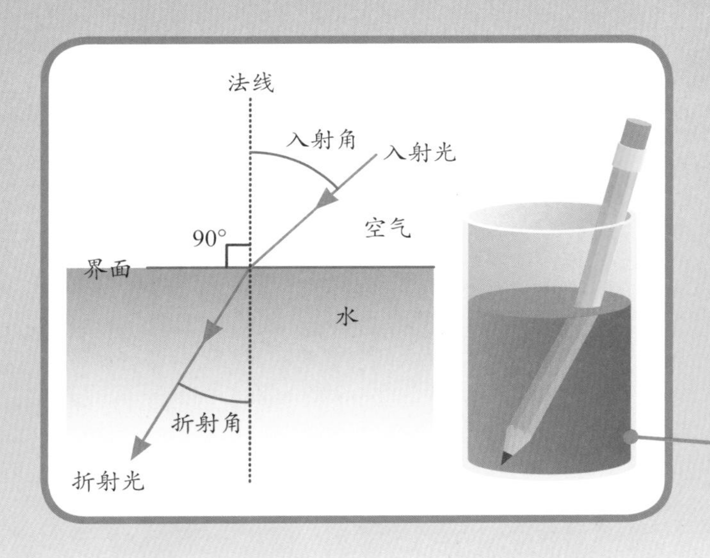

光线的角度总是从一条称为“法线”的假想线量起，法线始终与介质的表面成直角。

折射角

当光线从空气中射入水中时，由于水的折射率比空气的大，光的速度会减慢，光线会向法线（与两种介质的界面成直角的假想线）弯曲，改变传播方向。把铅笔放入装有水的烧杯中，铅笔的下半部分看起来变弯了，也是由于光的折射。

内部反射和折射

当光从光密介质（折射率较大的介质）射入光疏介质（折射率较小的介质）时，会同时发生折射和反射。如果入射角逐渐增大，那么折射光离法线会越来越远，且强度越来越弱，而反射光强度却越来越强。当入射角增大到某一角度，使折射角达到 90° 时，折射光完全消失，只剩下反射光。当阳光照射在雨滴上时，光线从空气进入雨滴，会发生折射，然后在雨滴的内表面发生反射，反射后的光线离开雨滴进入空气，又会发生折射。不同颜色的光在折射时偏折程度不同，这导致它们在离开雨滴后分散开来，形成了色散现象，彩虹便是由此形成的。

只有太阳在你身后时，你才会观察到彩虹，这样光线才能先射到雨滴上，再经过反射和折射，进入你的视线。

你知道吗

星光从太空进入地球的大气层时，会遇到密度不断变化的空气，因而会发生折射，这使得星星在天空中显得闪烁。

名人堂

维勒布罗德·斯涅尔
Willebrord Snellius
1580—1626

这位荷兰科学家提出了斯涅尔定律，该定律描述了光从一种介质传到另一种介质时，折射角与入射角的关系。每种透明材料都有一个折射率，它决定了光的折射程度。折射率越大，光线偏折的角度越大。

光在水中的传播速度比在空气中的慢。

由于折射光的传播方向与直接穿过空气的光的方向略有不同，所以我们会看到铅笔被水淹没的部分略微偏向一侧。

透镜

透镜是由透明物质（如玻璃等）制成的光学元件，用于以特定的方式折射光线。它可以将光线会聚成狭窄的光束，也可以使光线发散。照相机使用透镜会聚光线，以捕捉清晰的场景图像。透镜还可用于放大物体或观察远处的景物。

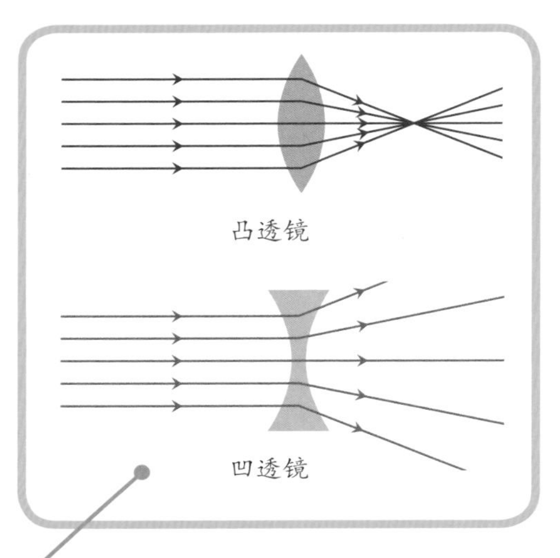

当人眼看远处的事物有困难时，通常患有近视，可以用凹透镜来矫正；当人眼看近处的事物有困难时，通常患有远视，可以用凸透镜来矫正。

光线的会聚和发散

当平行光线照射到透镜的弯曲表面时，它们会以不同的角度照射到透镜上，因此，它们会发生不同程度的折射。凸透镜的凸面会使光线会聚，最终在焦点处交叉。凹透镜有一个凹面，会使光线发散。

放大镜适合观察物体的微小细节。最佳的使用方法是将镜片靠近物体，然后朝眼睛移动，直到对焦。

放大

通过适当调整距离，透镜可以让物体看起来更大，使细节清晰可见。物体靠近镜头时，光线的折射会使物体的图像看起来比实际物体更大。

你的眼睛和大脑会沿着透镜产生的光线延伸，从而形成比实际物体更大的图像。

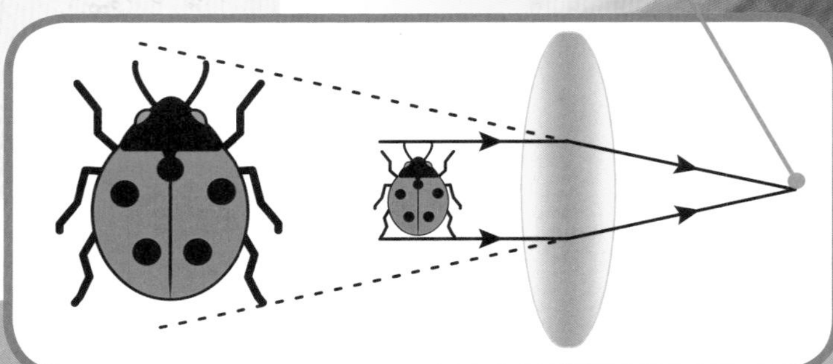

名人堂

约瑟夫·冯·夫琅和费
Joseph von Fraunhofer
1787—1826

这位德国物理学家和光学仪器制造者研制出了一种新型玻璃，这种玻璃可以呈现非常清晰的图像。他还制造了第一台分光镜，它通过使用透镜将一束光分解成多束不同波长的光，可以用于观察火焰和恒星发出的光。通过比较星光和地球上物质燃烧时产生的光谱，科学家可以确定恒星中存在哪些化学物质。

要想实现放大物体的目的，需要把物体放在放大镜的 1 倍焦距以内。

透镜可以会聚来自太阳的不可见的热射线。放大镜由于具有聚焦光线的能力，可以用来生火，所以使用放大镜时要小心。

你知道吗

你的眼睛里有一个晶状体，它可以根据需要改变形状，从而调整焦距，以便将光线会聚到眼球后部的视网膜上。晶状体的形状由眼球内的肌肉控制。

衍射与多普勒效应

波在长距离传播过程中，经常会遇到障碍物。这些障碍物可能使波发生衍射，改变传播方向，也可能波会绕过障碍物继续前行。如果没有任何障碍物，但产生波的物体本身在移动，那么波在到达我们的眼睛或耳朵时就会失真，表现为波形的拉伸或挤压。

衍射

在遇到坚固的障碍物之前，波都沿直线传播。如果障碍物的中间或旁边有空隙，波就会穿过或绕过。如果空隙大于波长，那么波会沿着直线到达另一侧；如果空隙小于波长，那么波会发生衍射，在空隙的另一侧发散开来，呈环形扩散；如果间隙太小，波就会被反射。

当天鹅向前游动时会产生涟漪，前面的涟漪被挤到一起，而后面的涟漪却散开了。

多普勒效应

如果产生波的物体远离你，波会被拉伸，波长增大；如果物体向你移动，波会被挤压，波长减小。当一个恒星远离我们时，它发出的光的波长会变长，光的颜色会向光谱的红色端移动，发生红移；当一个恒星向我们移动时，它发出的光的波长会变短，光的颜色会向光谱的蓝色端移动，发生蓝移。这就是多普勒效应。

远远地，我们就能听到救护车响亮的紧急警笛声。当救护车向我们驶来的时候，声波被挤压，警笛声的音调变高，而当救护车驶离时，声波被拉伸，警笛声的音调变低。

多普勒效应发生在声波、光波和其他类型的波中。

名人堂

罗莎琳德·富兰克林
Rosalind Franklin
1920—1958

这位英国科学家是X射线晶体衍射方面的专家。当X射线穿过原子之间的微小间隙时，会发生衍射，形成图案。富兰克林拍摄的DNA衍射照片为确定DNA分子结构提供了关键线索。DNA是一种生物大分子，携带着合成RNA和蛋白质的遗传信息。

你知道吗

医生可以利用多普勒效应测量病人血管中血液的流速。

望远镜

望远镜用于放大那些因为距离太远或亮度太暗而肉眼难以观察到的物体。它通过收集来自物体的光线，并将其聚焦成清晰明亮的图像，然后将图像放大以显示细节。

反射望远镜通过一个巨大的曲面镜收集光线，并将它们反射并聚焦到一个中心点上，通过目镜进一步放大。

折射望远镜和反射望远镜

折射望远镜通过折射光线来工作。前端的大透镜（称为物镜）收集进入望远镜的光线，并将其聚焦到镜筒远端的另一个小透镜上，这个小透镜被称为目镜，可以放大图像。反射望远镜用曲面镜代替透镜来改变光线的方向。大多数用于天文学的现代望远镜都是反射望远镜。

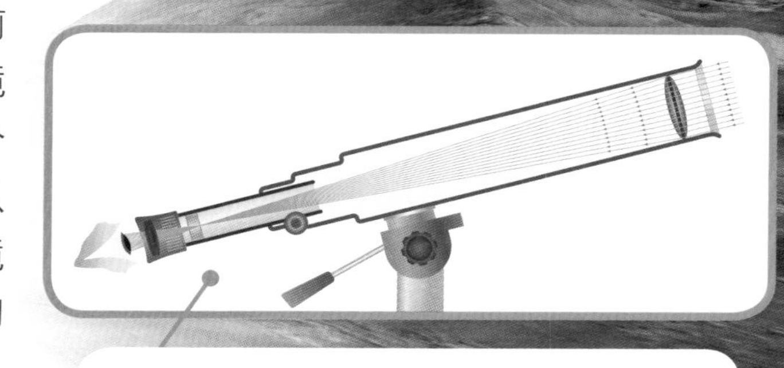

在简单的折射望远镜中，光线在第一个透镜（物镜）的焦点处交叉，因此产生的图像是倒立的。

除了研究恒星、星系和黑洞之外，射电望远镜还可以探测太空中可能由智慧生物产生的无线电波。

射电望远镜

反射望远镜和折射望远镜都是光学望远镜，它们利用光来工作。除此之外，还有利用不同类型的电磁辐射来工作的望远镜。碟形射电望远镜可以接收来自太空物体的无线电波，碟形天线的弧形表面将接收到的无线电波反射并聚焦到一个点上，这个点通常是天线前方的一个小的接收器或馈源。馈源接收到聚焦的无线电波后，将其转化为电信号，然后通过电缆传输到接收系统中做进一步的处理和分析。

你知道吗

詹姆斯·韦布空间望远镜利用来自太空深处的红外线，可以观察到距离地球134亿光年远的星系。(1光年约等于9.46万亿千米)

名人堂

汉斯·利伯希
Hans Lippershey
约 1570—1619

利伯希出生于德国，后定居荷兰，被认为是望远镜的发明者之一。他以生产眼镜为生，在 17 世纪早期，他开始制造简单的望远镜，这些望远镜最初被商人用来观测到港的船只，但很快科学家们就开始使用望远镜来研究恒星和行星。1608 年，利伯希为他的望远镜申请专利，虽然后来他没有获得独家专利权，但荷兰政府给予了他一定的制作和销售望远镜的特权，以促进这一新兴技术的发展。

显微镜

显微镜用于观察肉眼无法看到的微小物体。显微镜使用的镜筒通常比折射望远镜的镜筒要小得多，显微镜的物镜与被观察物体的距离也比望远镜与被观察物体的距离近很多。显微镜让我们能够窥探微观世界中的生命形式和美丽结构。

这种螨是一种微小的动物，且是蜘蛛的远亲，两者都属于蛛形纲。在电子显微镜下成像时，电子束穿透样品时形成散射电子和透射电子，在电磁透镜的作用下在荧光屏上成像。

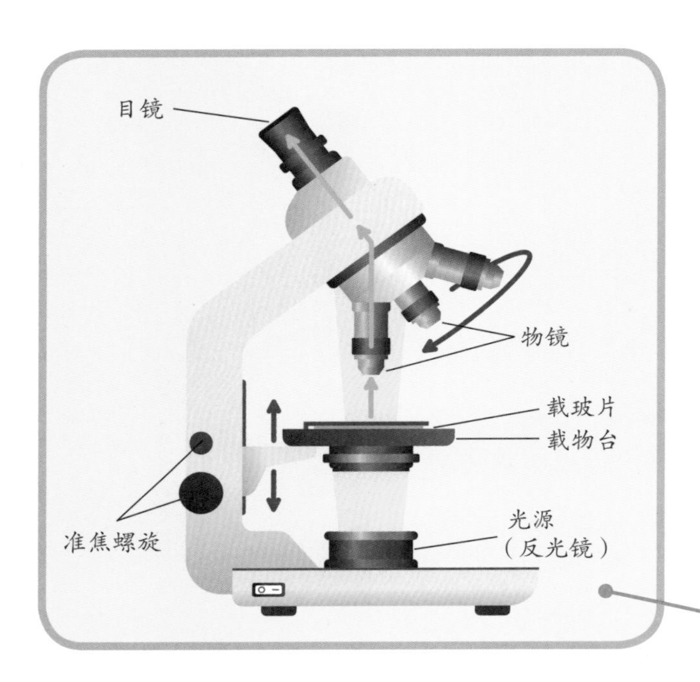

这台显微镜为研究细胞和微小生物而设计，有三个具有不同放大倍数的物镜。

光学显微镜

光学显微镜是利用光来工作的。将被研究的样品放在载物台上，用光源照射，来自样品的光线首先进入物镜，再从物镜进入目镜。光学显微镜通过改变载物台和物镜之间的距离来聚焦图像。

名人堂

玛丽安·法夸尔森
Marian Farquharson
1846—1912

1885 年，这位英国科学家加入英国皇家显微镜学会，成为该学会的第一位女性会员。她是自然学家，尤其擅长研究蕨类和苔藓植物，这类研究对于理解植物多样性和进化具有重要意义。

电子显微镜

最强大的显微镜在观察时利用的是电子束，而不是光。与最微小的结构相比，可见光的波长较长，而电子的波长要小得多，因此使用电子可以揭示更多细节。电子显微镜的放大倍率可以达到光学显微镜的数千倍甚至更高。

显微镜为科学家提供了一种研究自然世界的新方法，使他们能够研究生物体的各个部分，以及晶体和岩石的结构。

这种螨的长度不足 1 mm。

电子显微镜一般不用于观察活体样本，因为大多数电子显微镜需要在真空环境中操作，且活体样本需要经过特殊处理才能在这种环境下观察，处理过程会使活体样本失去活性。

你知道吗 扫描隧道显微镜具有非常高的分辨率，利用它可以观察到单个原子。

什么是电？

电是由带电粒子的运动产生的一种能量形式。当带电粒子以有序的流，即电流的形式运动时，电能就可以被用来做功。电是为计算机、暖气和照明等众多设备提供动力的重要能源。电在自然界中也扮演着重要角色，例如，神经细胞携带的电荷能使肌肉收缩。

这个金属圆顶充满了静电。金属内部的自由电子在没有外加电场的情况下通常是静止不动的。

正负电荷

一个物体可能带有正电荷或负电荷，这取决于电子的数量。当物体获得多余的电子时，它带有负电荷；当它失去电子时，则带有正电荷。两个带相同电荷的物体会相互排斥，但带相反电荷的物体会相互吸引。正负电荷之间的吸引力会导致电荷移动，这是形成电流的一种方式。

这束电火花之所以能在空中产生，是因为其中一根导线带正电，而另一根带负电。

电能

由电力驱动的设备利用流动的电流传递电能，进行工作，并将电能转化为其他形式的能量。例如，加热器或烤箱将电能转化为热能，而电动汽车则将电能转化为机械能。需要给这些设备持续供应电能来维持工作。

食物搅拌机利用电力驱动锋利的刀片高速旋转，将食物切成小块。

名人堂

尼古拉·特斯拉
Nikola Tesla
1856—1943

这位发明家和电气工程师出生于塞尔维亚，但在年轻时移居到了美国。他发明了许多电气设备，包括电动机、无线照明系统、无线电遥控装置、垂直起降飞机等。他还研究了X射线和无线电波。他苦于寻找资金来资助自己的发明，他的大多数发明并未实现商业化生产。

你知道吗

“electricity（电）”一词源于古希腊语，意为“琥珀”。早期的科学家发现，摩擦琥珀会产生静电，甚至产生火花。

导体与绝缘体

电的传导需要电子在材料内部移动。导体是能够很好地承载或传导电的材料，这是因为它们内部有大量可以自由移动的电子。绝缘体则恰恰相反，它们会阻碍电的传导。

带电导线

电缆由导体和绝缘体组合而成。电缆的中心部分是金属导线，通常由铜制成，是一种极好的导体，电流从中流过。金属导线被一层柔性塑料涂层所包裹，塑料是一种很好的绝缘体，它能确保导线中的电能在到达目的地之前不会从导线中流失。绝缘层能保证电缆安全运行，并能防止导线中的电流对人体产生伤害。

这些巨型电缆可以在全国各地长距离输送大量电力。这些电缆如果被触及会非常危险，因此被高高地架设在被称为塔架的高塔之间。

金属导线中的电流足以致命。如果电缆的绝缘层受损，露出内部的金属导线，请勿触摸。

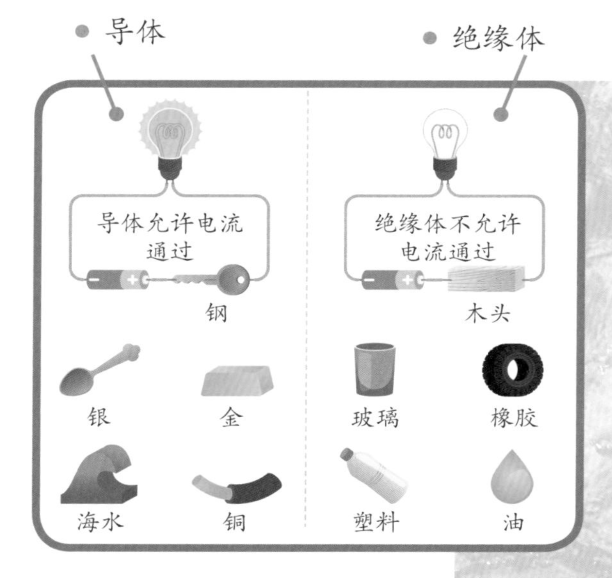

导体

绝缘体

导体与绝缘体

所有金属都能导电，这是因为它们内部有许多自由电子。铜、金和银是比其他大多数金属更好的导体。海水也是一种导体，因为海水中含有许多溶解的盐，它们在水中可以分解为被称为离子的带电粒子，可以自由移动并传导电流。绝缘体，如塑料和玻璃等非金属物质，电子不能在其中自由移动，因此无法形成电流。

名人堂

斯蒂芬·格雷
Stephen Gray
1666—1736

这位英国教师年轻时曾是一名布匠。他观察到有些布在编织时会产生电火花，通过用布摩擦玻璃管来进行实验，成功产生了电荷。他发现这些电荷可以穿过金属，但却被象牙和丝绸这类材料所阻挡。通过这些实验，格雷发现了导体和绝缘体。

工人们正在利用塑料杆来安装电线。电流不会通过塑料杆。

电线与金属塔架之间由绝缘体隔开，这类绝缘体通常由陶瓷、玻璃等物质制成。

你知道吗

超导体是一种能够无电阻传导电流，且不损失任何能量的材料。不过，它们只有在低于特定温度的条件下才会表现出超导性。

电流

电可以是静态的，也可以是流动的，这取决于电荷分布是否均衡。当物体表面的电荷分布不均衡时，就会产生静电。如果物体表面接触到能够导电的材料，电荷会立即重新分布，可能还会产生电火花。当电荷持续流动时，电流就形成了。

这个球内充满了气体。当电流通过气体时，气体会被电离，形成一道道发光的等离子体。

电子的移动

通过金属导线的电流是由电子的定向移动形成的。由于电子带负电荷，因此它们会向带正电荷的区域移动，从电池的负极（－）流向正极（＋）。然而电流的方向是正电荷移动的方向，因此与电子的移动方向相反，是从电池的正极（＋）流向负极（－）。

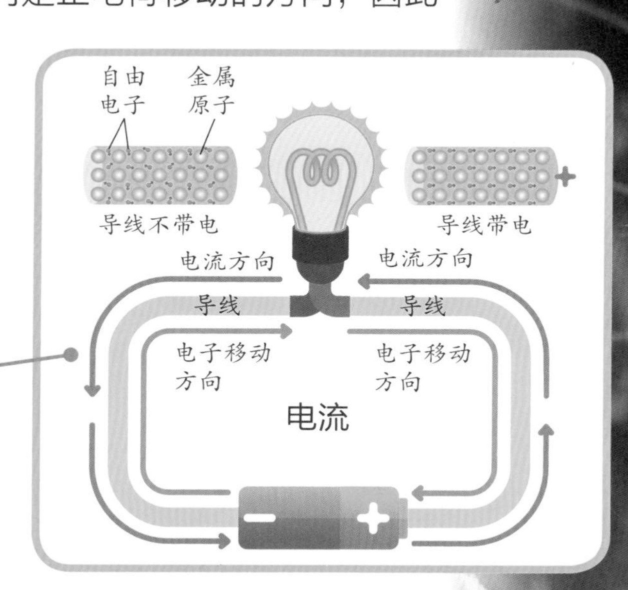

- 当电流断开时，导线中的电子会停止其定向移动。当电流接通时，它们都朝一个方向流动。

名人堂

路易吉·加尔瓦尼
Luigi Galvani
1737—1798

这位意大利科学家用青蛙的腿进行了电流研究。作为一名肌肉和神经方面的专家，他发现，死青蛙腿上的肌肉在被电火花击中时会抽搐。他认为这是由一种叫作“动物电”的特殊电引起的，后来伏特反驳了这一说法，并证明了电流是由化学反应产生的。

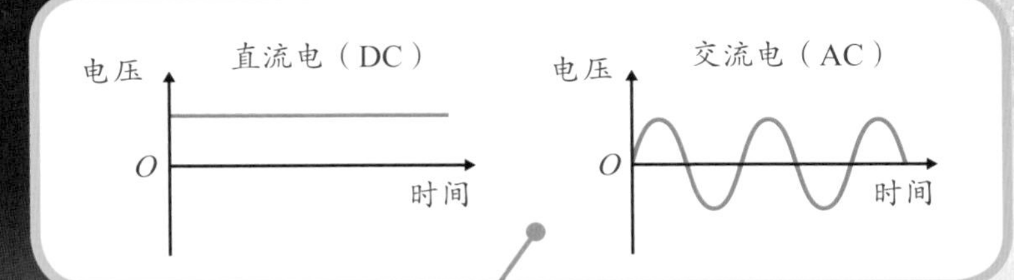

电脑和电视等设备通常内含电源适配器，将交流电转换成直流电。

直流电和交流电

电力系统主要使用两种电流形式——直流电（DC）和交流电（AC）。在直流电中，电荷像河水一样单向流动。而在交流电中，电荷的流动方向会周期性改变。尽管交流电的电流方向是变化的，但它仍然可以传输能量，适合用于长距离的电力传输。国家级电网使用交流电，而汽车电池和太阳能电池板则产生直流电。

这个人的手正在为等离子体创造一条通向地面的增强路径。

等离子体轨迹的工作原理与闪电类似，但它们是在受控条件下产生的，因此更安全！

你知道吗

电流的单位是安培（A）。1 安培的电流表示每秒通过导体横截面的电荷量为 1 库仑，这相当于大约 6.24×10^{18} 个电子。

电压

正如运动的物体需要力来维持运动，电流也需要一种“驱动力”才能继续前进。这种“驱动力”就是电压。电压是电路中任意两点间的电势差，电势差越大，电压就越高，驱动电荷流动形成电流的力量就越大。要使电流较大，就需要较高的电压。

如果电压足够高，它就能使电流通过通常不导电的物质，如空气。这就是雷击时发生的情况。

危险

电很危险，它的能量可能会灼伤皮肤，损坏内脏，甚至会让心脏停止跳动。高压电流也可能对没有直接接触，但过于接近的人造成伤害，因此一定要注意警告标志。

变压器

交流电的电压由变压器控制。发电厂生产高压电，然后将其升至更高电压以减少远距离输送过程中的能量损耗。在进入家庭使用之前，电压会被降到适合家庭使用的更低、更安全的电压。

变压器被安装在变电站内，主要功能是改变交流电的电压。

你知道吗

雷声会伴随着闪电，这是由于电流使空气快速升温，体积迅速膨胀，形成了冲击波。

名人堂

亚历山德罗·伏特
Alessandro Volta
1745—1827

“伏特”这一单位源于这位意大利物理学家的名字。19 世纪初，伏特发明了早期电池——伏特电堆。他把在酸中浸过的纸和金属盘交替堆叠，这些物质相互反应，产生电势差，从而产生电流，从一端流出，进入另一端。这与现代的非充电电池的运作方式相似。

欧姆定律

在电学中，欧姆定律是最重要的定律之一，它将电压、电流和电阻联系在了一起。电阻衡量电流通过物质的难易程度。导体的电阻较小，而绝缘体的电阻较大。

可调光灯泡可以通过增加电阻以减小通过灯泡的电流。

电加热器

当电流通过具有电阻的材料时，电能就会转化为热能，这就是电加热器的基本工作原理。加热元件通常由高电阻的导体制成，当电流流过时，导体内部的原子会阻碍电子的移动，产生热量，使得元件发热并发出光芒。

元件发出的热量通过辐射扩散到周围环境中。

名人堂

格奥尔格·欧姆
Georg Ohm
1789—1854

欧姆定律是以这位德国物理学家的名字命名的。欧姆通过对亚历山德罗·伏特发明的电池系统中的电流进行实验，发现了电压、电流和电阻之间的关系。为了纪念他，电阻的单位被命名为欧姆（Ω）。根据欧姆定律，1 Ω 的电阻在 1 V 电压下允许 1 A 的电流通过。

你知道吗

液氦在极低温度下可以表现出超导性，电阻接近零。银也是一种优秀的导体，电阻很低，大约是 1.65×10^{-8} Ω。

电压、电流、电阻的计算方法

欧姆定律的表达式为 $U=I\times R$，即电压（U）等于电流（I）乘电阻（R）。这一关系可以重组，即电阻的计算方法是电压除以电流，电流的计算方法是电压除以电阻。这表明，当电压一定时，电阻小的导体中通过的电流大，而电阻大的导体中通过的电流小。

电路

电流通常在称为电路的闭合回路中流动。电路将电源与用电器连接起来，为用电器提供能量。电路可以用开关控制，以接通或切断电源。当开关断开时，电路断开，电流无法流动；当开关闭合时，电路接通，电流可以流动。

这个灯串是一个简单的串联电路，其中电流依次通过每一盏灯。

并联

设备可以通过并联或串联的方式连接。右图所示的电路为并联电路，电路中的每盏灯通过独立的线路连到同一个电源上。如果其中一盏灯断开连接，另外两盏灯将继续亮着，因为电流仍然流经这两盏灯所在的线路。在并联电路中，每条线路的电压都相同，但电流可能不同，这取决于每盏灯的电阻。

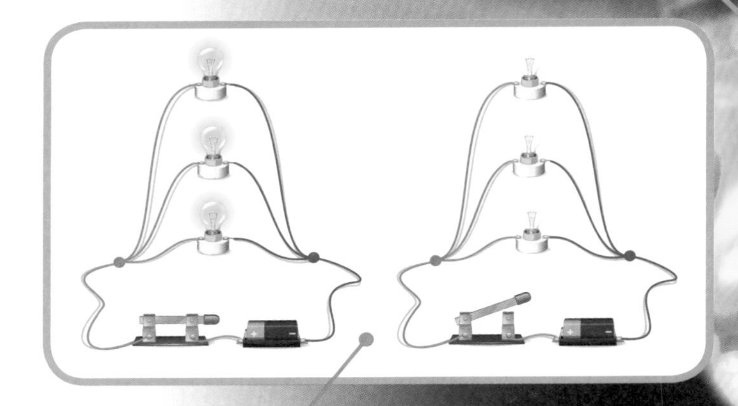

主开关可一次性断开电路的所有部分。

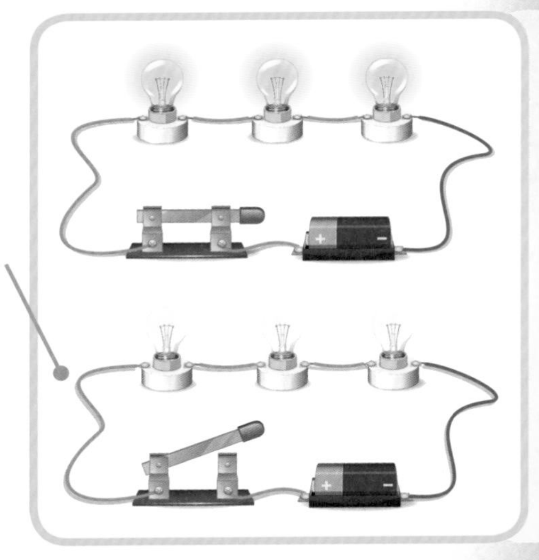

这种电路很容易创建，但它在某些应用方面不如并联电路灵活。在家庭电气系统中，大多数电路都是并联连接的。

串联

左图中的这些灯是串联连接的。它们在同一条线路上与电源连接。如果电路中的任何地方断开，三盏灯都会熄灭。串联电路中的电流只有一条通路，通过每盏灯的电流相等。

名人堂

伊迪丝·克拉克
Edith Clarke
1883—1959

克拉克是美国第一位从事电气工程师工作的女性，并且后来成为美国第一位电气工程女教授。克拉克是电网工作方面的专家，她发明了一种系统，可以更方便地计算大功率输电电缆的电压、电阻和其他特性。

这是一种简单的照明系统。但若其中一盏灯坏了，其他灯都会熄灭，且很难找到要更换的故障灯。

所有的灯都是一样的，流过所有灯的电流也都是一样的，所以它们发光的亮度也一样。

你知道吗

上海建成了世界首条35千伏公里级超导电缆示范工程，并首次实现了满负荷运行。

电气元件

电路与各种电气元件一起工作，大家最熟悉的电气元件就是灯泡。除了灯泡，还有许多其他类型的电气元件可以利用电能来执行不同的功能，如开关和电阻器等元件常用于控制电路中电流的流动。

这样的触摸屏系统将显示屏作为一个电容器，屏幕上的各个点储存了少量电荷。

电容器通常是圆柱形状的。

电容器

电容器用于储存电荷。它由两层金属板（称为电极）组成，中间隔着一层绝缘体，称为电介质。当将电容器连接到电路中时，电子会从连接电源正极的金属板移动到连接电源负极的金属板，形成电势差。开关可以控制电容器与电路的连接，以便在需要时将存储的电荷释放出来，形成电流。

热敏电阻

通过调节电阻的大小，可以改变流经电路的电流。出于安全考虑，电阻常被用来控制电流，以防止电流过大而损坏电路或造成危险。一种常见的电阻是热敏电阻，它常用于中央供暖系统和恒温器，它的电阻会随着温度的变化而变化，因此流经电路的电流也会随之变化。

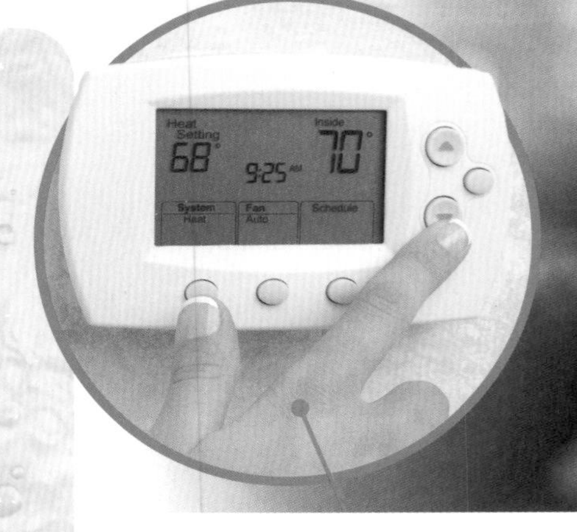

暖气系统通过热敏电阻进行调节，以确保房屋维持在一个温暖的状态。

名人堂

刘易斯·拉蒂默
Lewis Latimer
1848—1928

拉蒂默是一位对电力特别感兴趣的发明家。他改进了早期电灯泡的制造工艺，并参与了纽约、蒙特利尔、伦敦和费城等地公共照明设施的安装工作。他还对电梯的安全性做出了改进，并撰写了有关电灯的书籍。

电荷储存在玻璃盖板下方的透明导电网格中。

当手指触摸屏幕上的按钮时，会形成微小的电容，导致电荷重新分布。此时触摸屏控制器会捕捉触碰位置，发送给计算机执行相应的指令。

在发明电池之前，科学家们用莱顿瓶来储存实验用的电荷。莱顿瓶是一个玻璃容器，其内外表面包裹着导电金属箔作为电极。它是一个简单的电容器。

灯泡

电灯改变了世界，它们照亮了我们的家园和街道，让我们不再完全依赖日光或烛光来观察事物。城市的灯光如此明亮，甚至可以从太空中看到。灯泡主要有三种基本类型——白炽灯、LED 灯和荧光灯，每种灯泡都利用不同的物理学原理发光。

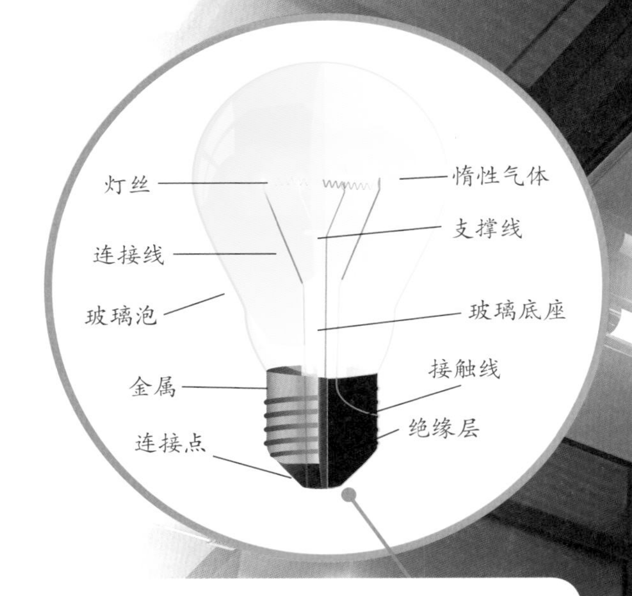

发光灯丝的周围是惰性气体或是真空的。这可防止灯丝与空气中的氧气发生氧化反应而被烧毁，从而延长灯泡的使用寿命。

白炽灯

19 世纪 70 年代，白炽灯泡作为第一批商业化的电灯泡被发明。白炽灯泡里面有一根叫作灯丝的细线，电流通过时，灯丝会加热至白炽状态，并发出明亮的白光。长时间使用后灯丝可能会被烧断，此时需要更换灯泡。这种灯泡的效率非常低，因为大部分电能被转化成热能，而不是光能。

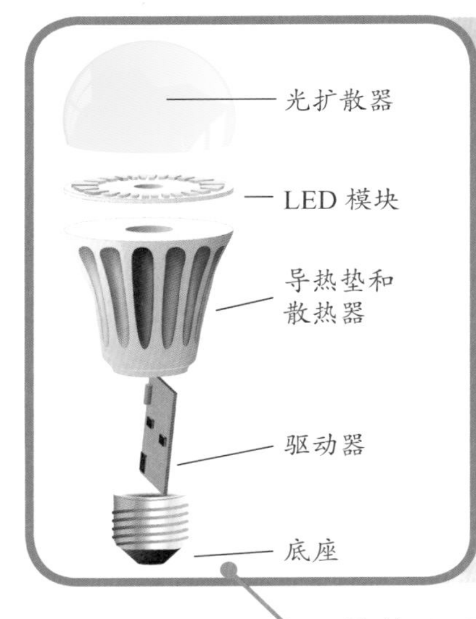

虽然 LED 灯经常被做成老式灯泡的样子，但其实它们几乎可以被做成任何形状。

发光二极管

当电子通过半导体层时，发光二极管（LED）就会发光。虽然许多 LED 发出的都是白光，但它们也能产生多彩的光，常用于装饰照明和节日灯具。LED 在工作时几乎不发热，因此能耗远低于传统的白炽灯。

你知道吗

位于加利福尼亚州利弗莫尔市消防站的一只灯泡自 1901 年起一直亮着，是世界上寿命最长的灯泡之一。

名人堂

托马斯·爱迪生
Thomas Edison
1847—1931

这位著名的美国发明家经常被认为是电灯商业化的先驱。在他之前，已有其他人发明了早期形式的电灯，但爱迪生是第一个改进设计并推广，使之成为广泛可用的商品的人［与他一起发展电灯技术的还有英国科学家约瑟夫·斯旺（Joseph Swan）］。他还改进了电板技术，发明了商用留声机、电影摄像机，并帮助在纽约市建造了首个电力系统。

电力

电动机利用电流在磁场中受到的力来驱动机械运动，这一过程也可以反过来进行，移动的磁铁和导体可以通过电磁感应产生电流。这一互逆过程是电动机的工作原理，电动机在许多现代技术中扮演着核心角色。

这个充电站的电力来源于发电站，由电网输送到这里，供电动汽车充电使用。

电动机

当电流流过电线时，会在其周围产生磁场。电动机利用磁场与磁铁的相互作用（吸引力和排斥力）使线圈旋转。通过增加电流的大小和磁铁的磁场强度，可以使线圈旋转得更快，从而产生足够的动力来驱动汽车等设备。

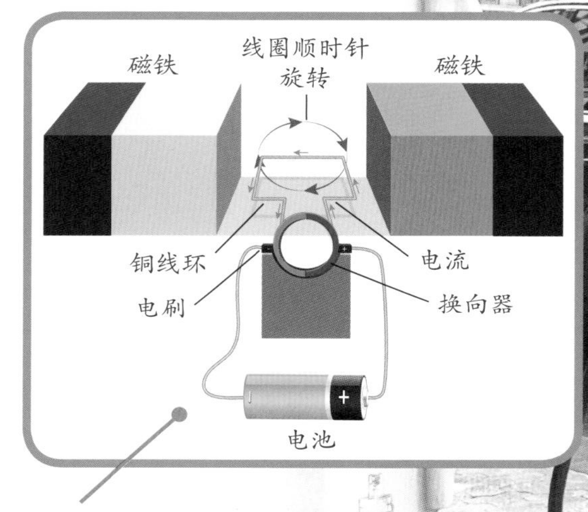

环形换向器在电动机中通过周期性地改变电流方向，使得作用在线圈上的力保持在同一方向上，从而使线圈持续旋转。

名人堂

迈克尔·法拉第
Michael Faraday
1791—1867

这位英国科学家对电动机和发电机的发展做出了重要贡献。虽然法拉第没有受过正规教育，而是自学成才，但他成为当时最重要的科学家之一。他发现了电磁感应现象，还研究了电解现象——当电流通过液体时，液体中的化学物质会分解。

发电机

发电机将机械能转化为电能，为我们的日常生活提供了所需的电力。在发电机中，一个大线圈在磁场中旋转，从而在线圈中感应产生电流。发电站中的发电机通常采用巨大的铜线圈和强大的电磁铁来产生强大的电流。设备由涡轮机驱动，涡轮机的动力来自燃料燃烧产生的蒸汽或太阳能。

许多发电厂利用燃料燃烧产生的热能发电。

汽车的电池通过化学反应存储电能。充电时，充电器使这些化学反应逆向进行，从而为电池充满电能；充满电后，电池可再次为汽车提供动力。

电动汽车（EV）不配备发动机，它使用强大的电动机来驱动。

你知道吗 我国的三峡水力发电厂每天产生的电力足以为数以百万计的家庭供电！

可再生能源

我们的大部分电力能源来自煤炭和天然气等化石燃料燃烧产生的热量，这些燃料在燃烧过程中会造成污染，并释放二氧化碳等温室气体，对气候产生破坏性影响。可再生能源是利用阳光和风等无污染的自然现象产生的，是一种更环保的能源。

风力涡轮机的翼形叶片迎风旋转。风力涡轮机内部有一个与叶片相连的发电机，叶片的旋转会驱动发电机工作，从而产生电能。

太阳能发电

太阳能发电通过捕捉太阳的光和热来产生电能。最常见的太阳能发电形式是光伏发电，它使用太阳能电池板将光能转化为电能。这些太阳能电池板通常安装在房屋和其他建筑物的顶部。在更大规模的应用中，太阳能发电站可以为数千人提供电力，太阳的能量被用来加热水，产生蒸汽，驱动涡轮机发电。

太阳能电池板几乎可以安装在任何有阳光的地方。

水电站的发电量约占世界总发电量的七分之一。

水力发电

该系统利用水流驱动发电机发电。河流作为天然的流动水源，是水力发电的理想选择。水电站用大坝拦截河流，形成水库，水库中的水通过大坝上的大型隧道或管道流动，使涡轮机旋转，进而驱动发电机发电。

名人堂

安妮·伊斯利
Annie Easley
1933—2011

伊斯利是一名计算机科学家和数学家，曾在 NASA 工作。除了帮助设计和测试太空火箭，伊斯利还开始研究如何利用阳光和风以可再生的方式发电。

电流通过海底电缆流向陆地。

把风力涡轮机建在海上效果最好，因为可以把它们建得更高，而且这里的风刮得更猛、更久。

你知道吗

太阳能可以为全世界提供能源。每天照射到地球上的太阳光中的能量大约是世界能源使用总量的 10 000 倍。

电子器件

这个显示屏上布满了微小的 LED。这些 LED 以一组组的形式组成单个像素，数百万个像素组成了完整的画面。

从洗衣机到电话，几乎所有现代电器都包含电子器件。电力通常用于大规模操作，比如通过较大的电流驱动电机或点亮灯泡。相比之下，电子器件在较小的规模上工作，只需微小的电流和少量的电子，使用的也不是大型电路，而是微小电路，这些电路通常被蚀刻在微小的半导体芯片上。

晶体管

晶体管是一种重要的电子器件，具备两种主要特性。首先，它可以控制小电流，并用它来触发或放大电流，这一特性使得晶体管在诸如助听器等放大器应用中非常有用。其次，它可以像开关一样工作，快速地在导通和闭合状态之间切换。一组组晶体管连接在一起，可以形成逻辑电路，而这正是计算机处理和决策能力的基础。

晶体管在复杂电路中充当开关，其开关状态根据计算机程序中设定的指令进行控制。

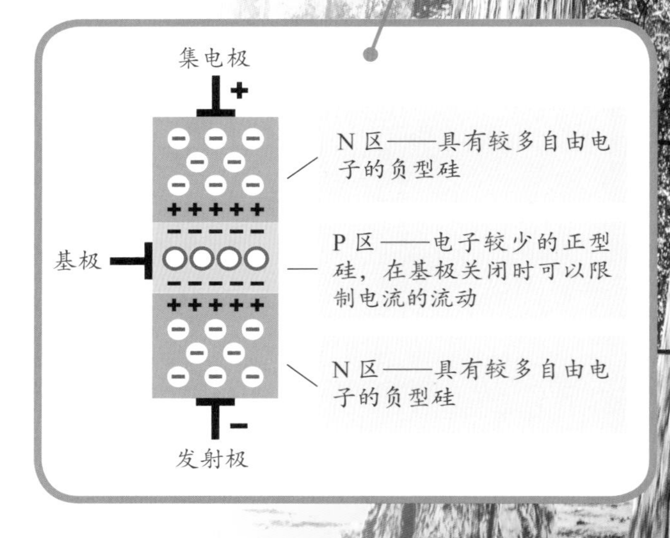

- 晶体管至少有三个连接点，在中间的基极和发射极之间施加一个小电流，就会在集电极和发射极之间产生一个大电流。

你知道吗 随着技术的进步，电子器件变得越来越小，甚至可以被设计成微米级别。

半导体

半导体是一种导电性质介于导体和绝缘体之间的材料。大多数半导体芯片由硅制成，硅是一种大量存在于沙子中的元素。通过掺杂少量其他材料，可以改变半导体的导电性能。n 型半导体（n 表示负）有额外的电子，更容易导电，p 型半导体（p 代表正）则通过引入“空穴”来调节其导电性。这两种类型的半导体可以结合，形成能够控制电流流动的晶体管和其他元件。

硅像金属一样有光泽，但它又像水晶一样容易断裂。

微型芯片

微型芯片又称集成电路，是通过先进的半导体工艺在硅片上集成了数百万甚至数亿个微小电子元件（如晶体管和二极管）的复杂系统。微型芯片是智能手机、电脑等电子设备的重要组成部分，负责存储、处理信息以及执行各种指令。

微型芯片

微型芯片通过高度集成的技术，将过去需要在电路板上手动组装和接线的电路微型化，集成在一个小型的硅芯片上。微型芯片是在被称为“晶圆厂”的高科技工厂中制造出来的，“晶圆厂”是半导体晶圆制造工厂的简称。制造微型芯片时，需要首先在硅片上绘制出电路图案，然后分层添加化学物质，从而制造出不同的元件。

- 完成后，使用焊料（一种合金材料）将微型芯片固定并连接到主板上。

- 制作微型芯片的工人在进入无尘室之前，会穿上无尘服并经过风淋室，利用风力吹走身上的灰尘。

芯片和晶圆

微型芯片是在圆形硅片（晶圆）上成套制作的。之后，这些硅片会被小心地切割成较小的矩形形状，形成单个芯片。硅片非常纯净，因此整个生产环境都必须保持极高的清洁标准。如果硅片沾上哪怕几粒微小的灰尘，微型芯片也会受损。芯片是在无尘室内制造的，无尘室内的空气是经过过滤的，几乎不含灰尘。

你知道吗 微型芯片中电子器件的直径约为 10 nm，也就是十亿分之一米。

名人堂

胡　玲
Evelyn Hu
1947—

胡玲是世界纳米技术领域的专家，该技术涉及制造尺度达到纳米级别的极小机器。胡玲致力于将半导体做得越来越小，以便在微型芯片上集成更多的半导体元件。她还对量子计算机的研究感兴趣，这种计算机与传统计算机在工作原理上有根本的不同。

太阳系

无论是在地球上，还是在整个宇宙中，物理定律无处不在。天文学家利用这些普适的物理定律来研究宇宙中遥远的行星和恒星的情况。太阳系是离我们最近的太空区域，它由太阳（太阳系的中心，是一个恒星），以及行星、卫星、小行星、矮行星、彗星等天体组成。

太阳系的四颗内行星（水星、金星、地球、火星）都由坚硬的岩石构成，但大小存在显著差异。

地球

土星

太空探测器

将人类送入太空是一项充满挑战，且成本高昂的任务。因此，天文学家通常利用功能强大的望远镜来探索恒星和行星的更多细节（见80页），同时也会发射无人太空探测器进行深入研究。这些探测器能够捕捉到遥远天体的高分辨率图像，用雷达和激光技术对它们进行分析，并在必要时着陆进行更直接的研究。

为了研究土星，人们发射了卡西尼号探测器。该探测器携带了一个名为惠更斯的小型着陆器，它降落在了土星的最大卫星泰坦上。

名人堂

梅·杰米森
Mae Jemison
1956—

杰米森既是一名工程师，也是一名医生。1992年，她搭乘“奋进”号航天飞机登上太空，在太空中待了八天，研究太空飞行对身体的影响，包括身体对失重的反应。在她的宇航员生涯结束之后，她一直致力于保护地球环境，倡导让新技术更安全、更公平地服务于全人类。

太阳系的外围被柯伊伯带所环绕，柯伊伯带是由数百万个冰冷的小天体组成的环带。矮行星冥王星就位于其中。需要注意的是，这张图未按实际比例绘制。

四颗外行星（木星、土星、天王星和海王星）是由气体和冰组成的巨大球体。木星是太阳系中最大的行星，其质量大约是太阳系其他行星总质量的 2.5 倍。

海王星

太阳

火星

木星

柯伊伯带

水星

金星

小行星带

天王星

开普勒太空望远镜扫描了太空中可能有系外行星的恒星系统，并发现了数百颗系外行星。科学家们目前仍在调查这些系外行星。

系外行星

太阳系是宇宙中众多行星系统中的一个。围绕太阳以外的恒星运行的行星被称为系外行星。系外行星距离我们非常遥远，很难被探测到。有时通过望远镜能观测到一颗恒星在轻微摆动，这可能表明有行星在它的轨道上运行。天文学家特别感兴趣于寻找像地球这样表面有水的岩石质系外行星，因为这些行星的条件可能与地球类似，从而增加了发现地外生命的可能性。

你知道吗

天文学家认为，大多数恒星都至少有一颗行星围绕着它们运行。这意味着尽管已经观测到的恒星数量比行星多，但理论上宇宙中的行星数量要远远多于恒星的，有很多行星还没被观测到。

恒星

恒星周围有一层叫作日冕的气体层。这个外层的温度非常高，可以达到数百万开尔文。

太阳是离我们最近的恒星，是光和热的源泉，这使得地球成为我们赖以生存的地方。尽管对我们来说非常特别，但太阳在物理性质上与其他数以万亿计的恒星类似：它是一个由氢等离子体构成的球体，在内部的高温、高压环境下进行着聚变反应。

核聚变

恒星的热和光来自其核心的核聚变反应。那里的温度和压力非常高，原子被挤压在一起，从而使它们的原子核发生聚变。具体来说，四个氢原子核结合形成一个氦原子核，并释放出大量能量。

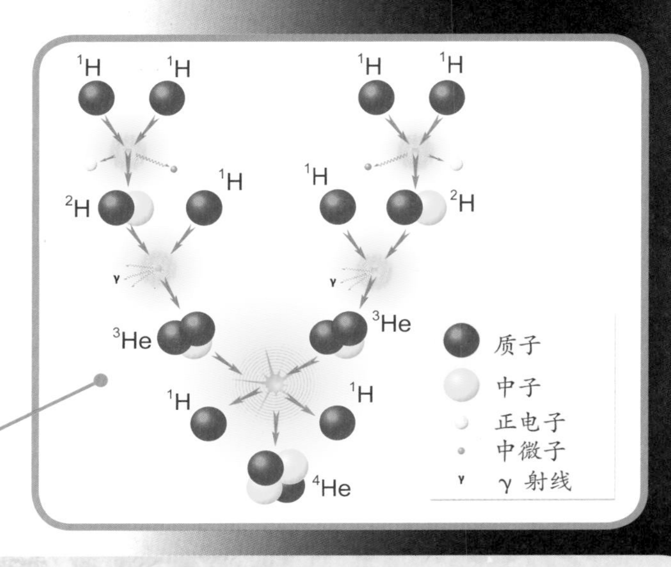

• 每秒钟，太阳通过核聚变将500万～600万吨氢转化为氦。

光球层
对流层
辐射层
核心区

• 太阳的光和热从太阳表面到达地球只需大约8 min。

恒星结构

恒星由不同的层组成，其核心区是发生核聚变的区域。核聚变产生的能量首先传递到辐射层，由于等离子体非常密集，所以能量需要数千到数万年才能到达下一层，即对流层。在这里，等离子体通过大规模的对流运动传递热量，类似于地球上水的沸腾过程，较热的等离子体会上升到表面，也就是光球层。最终能量以光和热的形式辐射到太空中。

你知道吗

氦气是一种轻质气体，最早是由物理学家皮埃尔·让森（Pierre Janssen）在研究太阳光时发现的。后来，科学家们确认了氦元素也在地球上自然存在。

名人堂

塞西莉亚·佩恩–加波施金
Cecilia Payne-Gaposchkin
1900—1979

这位天文学家于 1925 年发现，太阳（以及大多数恒星）是由氢和氦构成的，这为了解恒星如何产生光和热奠定了基础。起初，天文学家们不愿意接受她的发现，但她的发现很快被证明是正确的。在此之前，人们认为太阳是由与地球大致相同的物质构成的。

月球

地球在太空中最近的邻居是月球。它是地球的天然卫星，直径约为地球的四分之一。尽管其他行星也有卫星，有的在绝对大小上比月球还大，但月球仍然是太阳系中较大的卫星之一。月球距离地球约 384 400 km，大约是地球赤道直径的 30 倍。

月球上的阴暗区域被称为月海。人们曾错误地认为它们是水域，但如今我们知道它们实际上是低洼地区。这些低洼地区被很久以前月球火山喷发出的玄武岩熔岩流形成的岩石覆盖着。

阿波罗计划

月球是迄今为止人类在太空中访问过的唯一天体。通过阿波罗计划，共有 12 名宇航员在月球上行走过。50 多年来，没有人再次登陆月球，但目前有多个计划旨在重返月球，甚至探索在那里建立永久基地的可能。

阿波罗宇航员的一项重要工作是收集岩石、尘土以及其他月球物质的样本，供地球上的科学家研究。

月球的形成

大多数天文学家认为，月球大约形成于 45 亿年前，当时一颗与火星大小相当的行星撞上了地球。这颗行星（被命名为忒伊亚）和地球撞击产生了大量岩石和气体，在地球周围形成了云团，冷却后聚集在一起，形成了月球。月球岩石与地球岩石在成分上相似，但又不完全相同，这可能是由于它们混合了忒伊亚的物质。

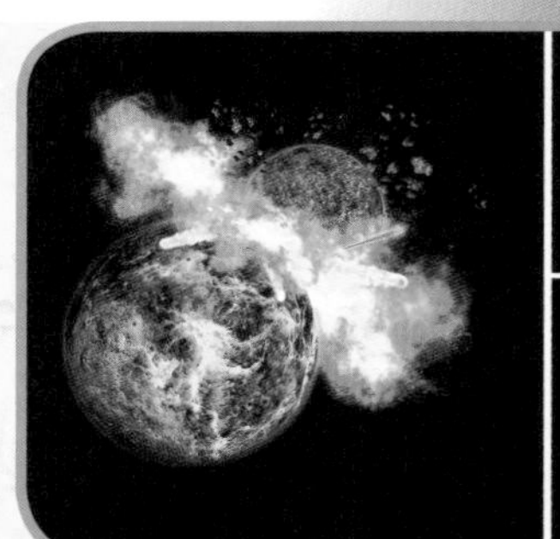

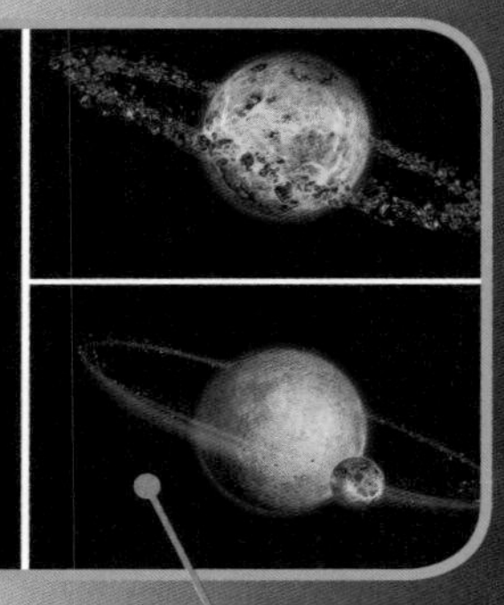

月球可能是在地球与一颗名为忒伊亚的小行星相撞时形成的。

你知道吗

月球的引力是造成地球海洋潮汐现象的主要原因之一。它在地球面向月球的一侧和背离月球的一侧各牵引出一个潮汐凸起。当地球转动时，这些凸起就会移动，导致不同地区经历涨潮和落潮。

名人堂

杰拉德·柯伊伯
Gerard Kuiper
1905—1973

这位荷兰裔美籍天文学家对太阳系有许多发现。他一生的大部分时间都在美国工作，是观测行星和卫星的专家。他发现了天王星周围的两颗卫星，他的专业知识帮助确定了阿波罗任务中宇航员登陆月球的最佳地点。海王星外的柯伊伯带——一个由冰冻天体组成的区域就是以他的名字命名的。

月球每绕地球公转一圈，就会自转一圈，所以我们总是看到月球的同一面。月球的另一面并不暗，只是我们看不到。

月球没有大气层，而且它的引力只有地球的$\frac{1}{6}$，这使得月球的逃逸速度较低，难以保留气体，因此月球上原本存在的气体早已飘散到太空中去了。

行星

太阳系的八大行星在太阳引力的作用下围绕太阳运行。由于它们与太阳的距离各不相同，因此绕太阳运行一周所需的时间也不同。距离太阳最远的行星是海王星，它的轨道周期约为 165 年，地球的轨道周期为 1 年，而水星，离太阳最近的行星，其轨道周期仅为约 88 天。

大约 46 亿年前，这些行星由绕着太阳旋转的尘埃、冰块和气体形成。较重的岩石尘埃聚集在靠近太阳的区域，较轻的气体和冰则在更远的区域聚集。

巨行星

四颗外行星比四颗内行星大得多。木星和土星是气态巨行星，主要由氢和氦围绕一个由岩石和冰组成的固体核心组成。天王星和海王星有由氢和氦组成的较厚的大气层，下面是由冰、甲烷等组成的较冷的外壳，以及一个由冰质和岩石物质构成的大内核。它们因此被称为冰巨星。

土星因其光环而闻名。土星环由大块的冰和尘埃颗粒组成。虽然土星环的跨度有数十万千米，但其平均厚度大约只有 100 m。

岩质行星

四颗内行星都是由岩石构成的。地球是距离太阳第三近的行星，也是内行星中最大的，紧随其后的是金星。火星的直径大约是地球的一半，而最小的行星——水星的直径大约只有地球的$\frac{1}{3}$。这些岩质行星的表面条件千差万别，水星白天极其炎热，夜晚非常寒冷，金星酷热难耐，而火星则寒冷干燥。地球是唯一一颗表面始终存在液态水的行星，拥有适宜的气候。

用肉眼观察，火星是红色的。这种红色来自火星表面广泛分布的富含铁的沙子和岩石。

在行星形成的过程中，它们吸积了周围的气体、尘埃和冰块，形成了行星自身的结构，并在其轨道上清空了大部分物质，形成了我们如今看到的广阔空间。

行星通过碰撞和吸积而成长。小岩块相互碰撞并粘连，逐渐聚集形成更大的天体，最终变成行星。行星的引力作用使其表面物质向中心靠拢，从而使行星呈现出球形。

名人堂

穆格加·库珀
Moogega Cooper
1985—

这位美国行星科学家是2020年控制“毅力号”火星车登陆火星的团队成员之一。这个有轮子、汽车大小的机器人负责搜寻火星远古生命的迹象，研究陨击坑的地质结构。库珀致力于确保“毅力号”火星车不会携带来自地球的微生物，以免污染火星，对火星生命迹象搜索任务造成误导。

你知道吗

至少有五个岩质天体被认定为矮行星，它们不完全符合行星标准。它们中的大多数都远在海王星轨道之外，包括柯伊伯带和其他区域。冥王星是体积最大的矮行星，它的直径约为月球的$\frac{2}{3}$。

小行星与彗星

除了行星，太阳系中还有数百万个较小的天体，包括小行星和彗星。太阳系内部的小行星通常由岩石、金属和一些冰混合而成。彗星来自太阳系较冷的外围区域，由冰、岩石、尘埃混合而成。我们在月球上观测到的许多陨石坑，就是很久以前小行星和彗星撞击月球留下的痕迹，类似的撞击事件也在地球上发生过。

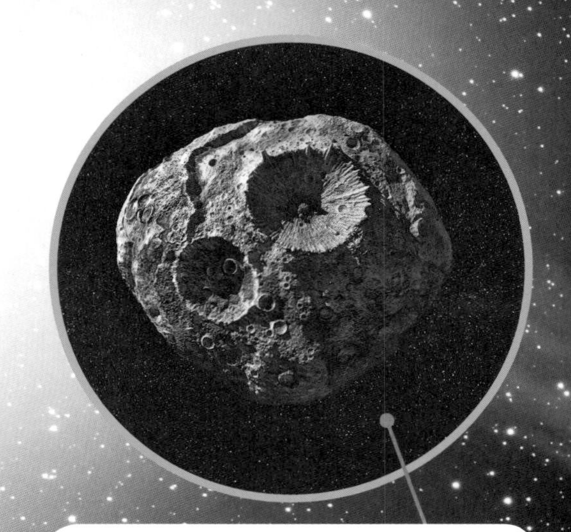

小行星所含的物质与数十亿年前形成岩石行星的物质相似。

小行星

大多数小行星在小行星带中运行，小行星带是一个位于火星和木星轨道之间的广阔区域。小行星带中最大的天体是谷神星，它被归类为矮行星，直径约为 940 km。

亚利桑那州沙漠中的这个陨石坑是由一颗直径为 50 m 的流星撞击形成的。

流星和陨石

当太空岩石进入地球大气层时，由于与空气的摩擦，它们会温度升高并燃烧起来，形成我们所见的流星现象。大多数岩石在大气中就会完全烧毁，但偶尔也会有较大的岩石落到地面上，它们就被称为陨石。来自大型陨石的撞击比较罕见，但这可能会造成灾难性后果。大约 6 600 万年前，一颗直径约为 10 km 的小行星撞击地球，导致了恐龙的灭绝。

名人堂

卡罗琳·赫歇尔
Caroline Herschel
1750—1848

她虽然出生在德国，但与哥哥威廉一起在英国从事天文工作。威廉发现了天王星，他们也一起发现了一些彗星，并绘制了非常精确的星图。对彗星和星云（模糊的气体云）的探索使她发现了至少五颗彗星。

彗星在靠近太阳时会产生“尾巴”。这是因为彗星中的冰和其他挥发性物质受热熔化和蒸发，释放出尘埃颗粒和气体，被太阳照亮后就会形成一道明亮的条纹。

彗尾的“尾巴”可以长达数百万千米，它总是指向背离太阳的方向，所以当彗星飞回深空时，“尾巴”仍在彗星的后面。

彗星的块状核常被比喻为“脏雪球”。彗星形成于太阳系的寒冷边缘地带，许多长周期彗星绕太阳一周可能需要数百年。

你知道吗

火星的两颗小卫星，火卫一（福波斯）和火卫二（德莫斯），被认为可能是被火星的引力捕获的小行星。

星系

恒星在宇宙中的分布并不均匀，它们主要聚集成群，形成了星系。在星系之间的广阔空间中，恒星和其他物质相对稀少。我们的星系叫作银河系，横跨约 200 万光年。这意味着位于银河系一侧的恒星发出的光需要 200 万年才能到达另一侧。

太阳系位于银河系猎户臂的内部。当我们望向银河系的中心方向时，可以看到一条由数十亿颗恒星的光芒形成的明亮光带。

- 这是草帽星系，一个非常明亮的椭圆形星系，距离地球大约 3.1 亿光年。

螺旋形

银河系至少有 1 000 亿颗恒星，它们沿着螺旋形的轨道排列，围绕着银河中心旋转。许多星系都是呈螺旋形的，而较古老的星系通常呈椭圆形。有些星系的恒星数量可能远超银河系，它们的形状不规则，通常被认为是由几个较小的星系碰撞组合而成的。

名人堂

雅各布斯·卡普坦
Jacobus Kapteyn
1851—1922

这位荷兰天文学家通过对恒星运动的观察，推断出银河系在旋转。他注意到一个方向的恒星似乎比另一个方向的移动得更快，这让他意识到，他看到的一些恒星位于银河系这个巨大旋转圆盘的边缘，而另一些则靠近中间。

你知道吗

目前，天文学家还不能确切知道宇宙中有多少个星系。但据估计，宇宙中星系的数量可能少至 2 000 亿个，多达 2 万亿个！

黑洞

天文学家在银河系中央发现了一个超大质量黑洞，它被命名为人马座 A*。黑洞是一个引力极大的区域，连光线都无法逃逸，这让它看起来一片漆黑，目前认为每个大星系的中心可能都有一个这样的黑洞。人马座 A* 的质量约是太阳的数百万倍。当星系中心的超大质量黑洞活跃时，会发出非常耀眼的光芒，并释放出强大的 X 射线和无线电波。

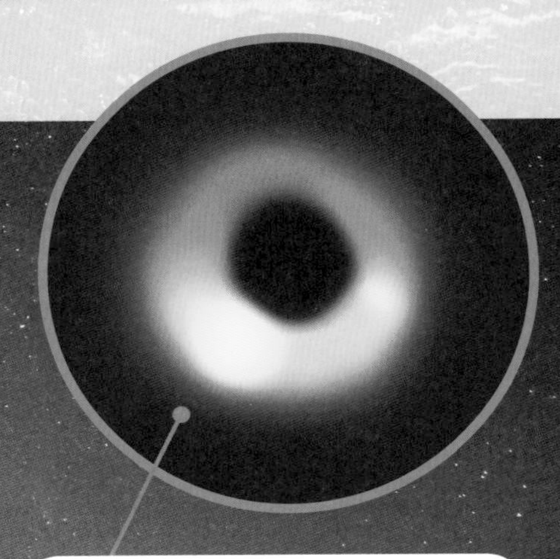

虽然黑洞本身不会发出光，但它们可以通过周围物质在被吸入黑洞前释放的电磁辐射被探测到。

银河系在不同文化中有着不同的称呼。在中文中我们称之为“银河”，在北欧神话中，银河被想象为世界树，在澳大利亚北部的一些原住民文化中，它被视为白蚁群的象征。

空间与时间

爱因斯坦的广义相对论指出，质量会使时空弯曲。时空在行星和恒星周围弯曲，导致物体沿着弯曲的时空轨迹运动，这种运动表现为引力。

当你以接近光速的速度旅行时，会发生一些奇怪的事情：物体的质量会增加，尺寸会缩短，时间流逝会变慢。牛顿等人的经典物理定律似乎不再适用了。阿尔伯特·爱因斯坦，作为世界上最伟大的物理学家之一，用他著名的相对论解释了这些现象发生的原因。狭义相对论阐述了所有惯性参考系中光速的不变性以及高速运动下物体的相对性效应，而广义相对论则将引力描述为由质量对时空造成的弯曲。

光速不变性

根据经典力学的相对速度概念，人们会认为从火箭中射出的光应该以光速加上火箭的速度运动。但是当物理学家测量的时候，发现无论光来自哪里，它的速度总是相同的！这是狭义相对论中的重要内容，即光在真空中总是以相同的速度运动——大约是 3×10^8 m/s。

● 如果你能够坐在一束在太空中传播的光束上，你会看到什么？爱因斯坦给自己设置了这个难题。

名人堂

阿尔伯特·爱因斯坦
Albert Einstein
1879—1955

人们对天才科学家的普遍印象往往是以爱因斯坦为原型的——留着浓密的胡子，一头乱蓬蓬的白发。爱因斯坦在学校期间，就对数学和物理表现出了浓厚的兴趣。他在瑞士专利局工作期间，利用业余时间研究物理学。直到 1905 年发表了多篇开创性的物理学论文后，爱因斯坦才获得了一份全职科学家的工作。

双胞胎中的一人进入太空，以接近光速的速度飞行。当他回到家时，会发现自己的双胞胎兄弟比自己年长。这是因为根据狭义相对论，太空旅行者经历的时间比地球上的人少。

时间膨胀效应

爱因斯坦用一个天才的想法来解释光速问题。当一个物体，如火箭，在太空中以接近光速的速度运动时，它经历的时间流逝会变慢，这个效应与光速不变原理相结合，意味着光在真空中的速度始终保持不变。在地球上，由于事物的运动速度远低于光速，时间膨胀效应非常微小。在宇宙尺度上，尽管恒星和星系的运动速度非常快，但通常也远低于光速，因此时间膨胀效应对于这些天体并不显著。

任何靠近恒星的物体都会向它运动。这是因为它正沿着弯曲的时空轨迹运动，看起来像是一股力（引力）将物体拉向恒星。

- 想象一下，一颗小行星在太空中沿直线飞行。当太阳这样的大质量物体存在时，它会使得周围的时空发生弯曲。当小行星到达附近时，就会沿着这个弯曲时空中的自然轨迹运动，看起来像是向太阳弯曲，就好像有一股力量将小行星拉向太阳。

你知道吗

理论上来说，住在高楼底层的人会比住在顶层的人衰老得更慢，但这个时间差很小很小，无法被感知到。

附录 I
名词解释

B

波长
在波的传播方向上，振动相位总是相同的两个相邻质点间的距离。

C

传导
热或电从物体的一部分传到另一部分。

磁性
某些材料（如铁）吸引或排斥其他磁性材料的特性。

D

电流
电荷的定向移动。

电压
衡量单位电荷在静电场中由于电势不同所产生的能量差的物理量。

电子
构成原子的三种亚原子粒子之一，带有负电荷。

电阻
导体对电流阻碍作用的大小。

动量
物体运动的量度，是物体的质量和速度的乘积。

对流
流体内部由于各部分温度不同而造成的相对流动。

F

发电机
将其他形式的能量（通常是机械能）转化为电能的机械设备。

反射
波在遇到障碍物时发生的沿原来的介质反弹回来的现象。

浮力
浸在流体内的物体受到的流体竖直向上的作用力。

辐射
由发射源（电磁波等）发出的电磁能量中一部分脱离场源向远处传播，而后不再返回场源的现象。

G

功
表示力对物体作用的空间累积的物理量。

功率
描述单位时间内做功快慢，或能量传递速率的物理量。

光子
传递电磁相互作用的无质量粒子。

轨道
天体在空间中绕另一个天体运行的路径。

H

核聚变
两个轻原子核结合形成一个更重的原子核的过程，并在此过程中释放大量能量。

核裂变
一个重原子核在吸收一个中子后，分裂成两个较轻原子核的过程，并在分裂过程中释放能量和额外的中子。

黑洞
太空中密度极高的天体，引力极其强大。

J

加速度
描述物体速度大小和方向变化快慢的物理量。

静电
存在于物体表面或内部的静止电荷，不形成电流。

绝缘体
不易导电或导热的物质。

K

可再生能源
太阳能和风能等永不枯竭的能源。

空气阻力
物体在空气中运动时受到的阻力。

夸克
一种亚原子粒子，是构成质子和中子的基本组成部分。

L

力
物体之间的相互作用，它能改变物体的运动状态或形状。

粒子
能够以自由状态存在的最小物质

组成部分。

量子物理学
物理学的一个分支，研究物质世界微观粒子的运动规律。

M

摩擦力
两个相互接触并挤压的物体，在接触面上产生的阻碍相对运动或相对运动趋势的力。

N

能量
物体做功的能力，可以以多种形式存在，并通过不同方式储存和传递。

牛顿
衡量力的大小的国际单位。

P

排斥
两个物体由于某种力的作用而相互远离的现象。

频率
单位时间内完成周期性变化的次数。

S

势能
由于物体的位置或状态而储存的能量。

速度
描述物体运动的方向和运动快慢的物理量。

T

推力
由引擎或推进系统产生的向前的力，如喷气式飞机或火箭发动机产生的向前推进的力。

拖曳力
空气阻力或水阻力的别称，指物体在流体（如水或空气）中移动时遇到的阻力。

W

物质
构成宇宙间一切物体的实物和场。

X

吸引
两个物体由于某种力的作用而相互靠近的现象。

相对论
物理学中描述物体运动和时空结构的理论，包括狭义相对论和广义相对论。

星系
由数量巨大的恒星系及星际尘埃组成的运行系统。

星云
由太空中的气体和尘埃结合形成的云雾状天体。

Y

亚原子粒子
比原子小的粒子，如电子、质子、中子、夸克等。

衍射
波遇到障碍物时发生的偏离原来直线传播路径的物理现象。

音调
声音频率的高低。

引力
所有有质量的物体之间相互吸引的力。

原子
构成物质的基本单位，由质子、中子和电子组成。

原子核
原子的中心部分，由质子和中子组成。

Z

折射
波从一种物质传播到另一种物质时，传播方向发生变化的现象。

真空
理论上没有任何物质、气体分子和其他微粒的空间状态。

振幅
振动物体离开平衡位置的最大距离。

质量
物体中的物质含量。

质子
带正电荷的粒子，存在于原子核中。

中子
不带电荷的粒子，存在于原子核中。

重量
有质量的物体所感受到的重力。

附录 II
本书与教材内容对照表

学科概念及知识点 （本书内容）		物理教材	对应教材内容
第 1 章 力与物质	什么是物质?	人教版物理　八年级上册	第三章　物态变化 第 2 节　熔化和凝固
	原子内部	人教版物理　九年级	第十五章　电流和电路 第 1 节　两种电荷
	放射性	人教版物理　九年级	第二十二章　能源与可持续发展 第 2 节　核能
	磁体	人教版物理　九年级	第二十章　电与磁 第 1 节　磁现象 磁场
	万有引力	人教版物理　八年级下册	第七章　力 第 3 节　重力
	重量与质量	人教版物理　八年级下册	第七章　力 第 3 节　重力
	摩擦力与拖曳力	人教版物理　八年级下册	第八章　运动和力 第 3 节　摩擦力
	大气压与水压	人教版物理　八年级下册	第九章　压强 第 2 节　液体的压强 第 3 节　大气压强
	暗物质	人教版物理　高中必修第二册	第七章　万有引力与宇宙航行 第 4 节　宇宙航行
第 2 章 运动	牛顿第一运动定律	人教版物理　八年级下册	第八章　运动和力 第 1 节　牛顿第一定律
	牛顿第二运动定律	人教版物理　高中必修第一册	第四章　运动和力的关系 第 3 节　牛顿第二定律
	牛顿第三运动定律	人教版物理　高中必修第一册	第三章　相互作用——力 第 3 节　牛顿第三定律
	动量	人教版物理　高中选择性必修第一册	第一章　动量守恒定律 第 1 节　动量
	速度与加速度	人教版物理　高中必修第一册	第一章　运动的描述 第 4 节　速度变化快慢的描述——加速度
	简谐运动	人教版物理　高中选择性必修第一册	第二章　机械振动 第 1 节　简谐运动
	圆周运动	人教版物理　高中必修第二册	第六章　圆周运动 第 1 节　圆周运动
	轨道与失重	人教版物理　高中必修第一册	第四章　运动和力的关系 第 6 节　超重和失重

学科概念及知识点（本书内容）		物理教材	对应教材内容
第 2 章 运动	弹道学	人教版物理　高中必修第二册	第五章　抛体运动 第 4 节　抛体运动的规律
	飞行	人教版物理　八年级下册	第九章　压强 第 4 节　流体压强与流速的关系
	漂浮与下沉	人教版物理　八年级下册	第十章　浮力 第 3 节　物体的浮沉条件及其应用
第 3 章 能量	做功	人教版物理　八年级下册	第十一章　功和机械能 第 1 节　功
	热能	人教版物理　九年级	第十三章　内能 第 2 节　内能
	动能	人教版物理　八年级下册	第十一章　功和机械能 第 3 节　动能和势能
	势能	人教版物理　八年级下册	第十一章　功和机械能 第 3 节　动能和势能
	能量的其他形式	人教版物理　九年级	第十四章　内能的利用 第 3 节　能量的转化和守恒
	功率	人教版物理　八年级下册	第十一章　功和机械能 第 2 节　功率
	杠杆	人教版物理　八年级下册	第十二章　简单机械 第 1 节　杠杆
	斜面、楔子与螺旋	人教版物理　八年级下册	第十二章　简单机械 第 2 节　滑轮
	轮轴与滑轮	人教版物理　八年级下册	第十二章　简单机械 第 2 节　滑轮
	发动机	人教版物理　九年级	第十四章　内能的利用 第 1 节　热机
第 4 章 波与光	波的性质	人教版物理　八年级上册	第二章　声现象 第 2 节　声音的特性
	波的类型	人教版物理　高中选择性必修第一册	第三章　机械波 第 1 节　波的形成
	电磁波谱	人教版物理　九年级	第二十一章　信息的传递 第 2 节　电磁波的海洋
	干涉	人教版物理　高中选择性必修第一册	第三章　机械波 第 4 节　波的干涉
	反射	人教版物理　八年级上册	第四章　光现象 第 2 节　光的反射
	折射	人教版物理　八年级上册	第四章　光现象 第 4 节　光的折射
	透镜	人教版物理　八年级上册	第五章　透镜及其应用 第 1 节　透镜
	衍射与多普勒效应	人教版物理　高中选择性必修第一册	第三章　机械波 第 3 节　波的反射、折射和衍射 第 5 节　多普勒效应

学科概念及知识点（本书内容）		物理教材	对应教材内容
第 4 章 波与光	望远镜	人教版物理　八年级上册	第五章　透镜及其应用 第 5 节　显微镜和望远镜
	显微镜	人教版物理　八年级上册	第五章　透镜及其应用 第 5 节　显微镜和望远镜
第 5 章 电	什么是电?	人教版物理　九年级	第十五章　电流和电路 第 1 节　两种电荷
	导体与绝缘体	人教版物理　九年级	第十五章　电流和电路 第 1 节　两种电荷
	电流	人教版物理　九年级	第十五章　电流和电路 第 2 节　电流和电路
	电压	人教版物理　九年级	第十六章　电压　电阻 第 1 节　电压
	欧姆定律	人教版物理　九年级	第十七章　欧姆定律 第 2 节　欧姆定律
	电路	人教版物理　九年级	第十五章　电流和电路 第 3 节　串联和并联
	电气元件	人教版物理　九年级	第十六章　电压　电阻 第 4 节　变阻器
	灯泡	人教版物理　九年级	第十五章　电流和电路 第 2 节　电流和电路
	电力	人教版物理　九年级	第二十章　电与磁 第 4 节　电动机
	可再生能源	人教版物理　九年级	第二十二章　能源与可持续发展 第 3 节　太阳能
	电子器件	人教版物理　九年级	第十六章　电压　电阻 第 3 节　电阻
	微型芯片	人教版物理　九年级	第十六章　电压　电阻 第 3 节　电阻
第 6 章 恒星与太空	太阳系	人教版物理　八年级上册	第五章　透镜及其应用 第 5 节　显微镜和望远镜
	恒星	人教版物理　九年级	第二十二章　能源与可持续发展 第 2 节　核能
	月球	人教版物理　高中必修第二册	第七章　万有引力与宇宙航行 第 4 节　宇宙航行
	行星	人教版物理　八年级上册	第五章　透镜及其应用 第 5 节　显微镜和望远镜
	小行星与彗星	人教版物理　高中必修第二册	第七章　万有引力与宇宙航行 第 3 节　万有引力理论的成就
	星系	人教版物理　高中必修第二册	第七章　万有引力与宇宙航行 第 5 节　相对论时空观与牛顿力学的局限性
	空间与时间	人教版物理　高中必修第二册	第七章　万有引力与宇宙航行 第 5 节　相对论时空观与牛顿力学的局限性